黄芩
人工种植及加工

李 琳 魏胜利 等 编著

中国农业科学技术出版社

图书在版编目（CIP）数据

黄芩人工种植及加工／李琳，魏胜利等编著．—北京：中国农业科学技术出版社，2016.10

ISBN 978－7－5116－2744－5

Ⅰ.①黄…　Ⅱ.①李…②魏…　Ⅲ.①黄芩－栽培技术②黄芩－中草药加工　Ⅳ.①S567.23

中国版本图书馆CIP数据核字（2016）第219240号

责任编辑　于建慧
责任校对　杨丁庆

出 版 者　中国农业科学技术出版社
北京市中关村南大街12号　邮编：100081
电　　话　（010）82109194（编辑室）　（010）82109702（发行部）
（010）82109709（读者服务部）
传　　真　（010）82106650
网　　址　http://www.castp.cn
经 销 者　各地新华书店
印 刷 者　北京富泰印刷有限责任公司
开　　本　880mm×1 230mm　1/32
印　　张　3.5
字　　数　97千字
版　　次　2016年10月第1版　2016年10月第1次印刷
定　　价　18.00元

编著人员

李　琳（北京市农业技术推广站）

魏胜利（北京中医药大学）

蒋金成（延庆区农业技术推广站）

李永杰（北京中医药大学）

李颂君（昌平区农业技术推广站）

刘容秀（北京中医药大学）

刘　凯（北京中医药大学）

聂紫瑾（北京市农业技术推广站）

目　录

第一章　黄芩种质资源和生长发育

第一节　黄芩种质资源

一、古今医典中关于黄芩的记载

黄芩（*Scutellaria baicalensis* Georgi）俗称山茶根、土金茶根等。唇形科（Labiatae）黄芩属（*Scutellaria*），多年生草本植物。

黄芩入药，已有2000多年历史。

◎《神农本草经》把黄芩列为中品。“味苦平。主诸热黄疸，肠澼，泄利，逐水，下血闭，恶创恒蚀，火疡”。

◎东汉末年（公元200—205年），张仲景的《伤寒论》中谓黄芩“主治泄泻或痢疾。身热不恶寒，腹痛，口苦咽干，舌苔黄，脉弦数”。

◎魏晋时期陶弘景的《名医别录》中，黄芩被列为中品。谓其“大寒，无毒。主治痰热，胃中热，小腹绞痛，消谷，利小肠，女子血闭，淋露，下血，小儿腹痛”。

◎唐代孙思邈的《千金翼方》把黄芩列入草部中品。“味苦，平，大寒，无毒。主治热黄疸，肠泻痢，逐水，下血闭、恶疮、疽蚀，疗痰热，胃中热，小腹绞痛，消谷，利小肠，女子血闭，淋露下血，小儿腹痛”。

◎宋代刘翰等的《开宝本草》中也载有黄芩。“味苦，平，大寒，无毒。疗痰热、胃中热，小腹绞痛，消谷，利小肠。治女子血闭、淋露、下血，小儿腹痛。

◎明代李时珍的巨著《本草纲目》中，黄芩被列入草部。根“苦平，无毒”。主治男子五劳七伤，消渴不生肌肉，妇女带下，手足寒，胸不积热，肤热如火烧，骨蒸，痰咳等；还治肝热生翳，吐血、衄血、下血，血淋热痛；安胎清热，产后血渴，饮水不止。

当代，许多医药书籍载有黄芩，也载入历年国家药典。

二、黄芩种质资源

（一）种质资源

据《中国植物志》记载，黄芩属植物在世界上有300余种，广布于世界各地，热带非洲少见，非洲南部绝无。中国有102种，50个变种。

何春年、肖培根等（2012）统计，黄芩属植物在世界有360多种，中国约有98个种，43个变种。属于药用植物的约30种，17个变种。

载入《中华人民共和国药典》的（以下简称《国家药典》），以2010年版国家药典为据，药用黄芩的正品是 *Scutellaria baicalensis* Georgi 这个种。

潘丹等（2010）介绍，黄芩是国家三级野生药材物种。

管仁伟等（2011）介绍，黄芩属其他做黄芩用物种主要有滇黄芩（*S. amoena*）、粘毛黄芩（*S. viscidule*）、甘肃黄芩（*S. rehderiana*）、丽江黄芩（*S. likangensis*）、川黄芩（*S. hyperifolia*）、韧黄芩（*S. tenax*）等。

何春年、肖培根等（2012）也介绍了黄芩属中的黄芩代用品，除上述外，还有连翘叶黄芩（*S. hypericifolia*）等。

王虹等（2013）报道了新疆的黄芩属植物有12个种，具体是黄芩（*S. baicallensis*）、盔状黄芩（*S. galericulata*）、半枝莲（*S. barbata*）、并头黄芩（*S. scordifolia*）、深裂叶黄芩（*S. przewalskii*）、平原黄芩（*S. sieverskii*）、仰卧黄芩（*S. supina*）、阿尔泰黄芩（*S. altaica*）、平卧黄芩（*S. prostrata*）、少齿黄芩（*S. oligodonta*）、展毛黄芩（*S. orthotricha*）、乌恰黄芩（*S. jodudiana*）。不同种间叶片气孔大小、气孔密度、气孔指数、气孔外拱盖内缘等都有显著差异。叶片表面腺点的大小、分布及疏密程度也不同。

夏至等（2014）介绍，利用黄芩及其同属近缘种的 DNA 条形码，可以有效鉴定黄芩及其近缘种。

李桂双等（2009）介绍，利用秋水仙素诱导可望得到多倍体黄芩的四倍体或六倍体植株。栽培四倍体黄芩的质量优于二倍体黄芩。

长期以来，作为药用正品黄芩（*S. baicalensis*），既有野生分布，也有广泛的人工种植范围。人工种植对于保护药用资源，充分发挥其医药作用，具有现实和长远意义。

（二）中国黄芩种质的地域分布

黄芩在中国分布广泛。

李子等（2010）介绍了中国黄芩道地产区的形成与变迁。地理分布上，主要分布地区如江苏—河北—陕西，山西—山东，河南，河北—东北三省和内蒙古自治区（全书简称内蒙古）。主要产区有湖北、山东、江苏、陕西、甘肃、河南、山西、河北，还有内蒙古、辽宁、吉林、黑龙江等地。

谷婧等（2013）认为，中国黄芩的野生资源主要分布在中国暖温带与中温带的干旱与半干旱地区，呈现不连续的零星分布，生境和群落特征多样，植株形态差异显著。栽培黄芩主要分布在山西、河北、甘肃、山东、内蒙古等地。栽培模式多样，野生资源破坏严重。

关于生态适应性，林红梅等（2013）认为，吉林黄芩种质的生态适应性强，而山西种质黄芩的生态适应性差。

（三）黄芩种植区划研究

关于种植区划，陈士林等（2007）在全国 2 000 多个地方范围内，筛选出 736 个地方不同程度地适合黄芩栽培，并划分为最适宜区、适宜区、较适宜区、不适宜区 4 个等级。

◎最适宜区　包括北京 10 个区，河北省 50 多个市（县），辽宁省 30 多个市（县），甘肃省 10 多个市（县），吉林省 5 市（县），山东省20多个市（县），宁夏回族自治区10多个市（县）。

◎适宜区　甘肃省40多个市（县），山东省50多个市（县），吉林省30多个市（县），宁夏回族自治区（以下简称宁夏）10几个市（县），山西省10几个市（县），陕西省10几个市（县），河北省20多市（县），辽宁省10多个市（县）。还有新疆维吾尔自治区（以下简称新疆）、内蒙古、青海、黑龙江、河南少数地区。

◎适宜地区　甘肃省几十个市（县），山东省2市（县），吉林省20多个市（县），安徽、宁夏、山西、新疆、内蒙古、青海、黑龙江、江苏、四川、云南等少数地区。

◎不适宜地区　福建省、广东省、广西壮族自治区（以下简称广西）、海南省。还有新疆、内蒙古、青海、黑龙江、江苏、河南、四川、云南部分地区。

北京是优质黄芩产地。药茶两用黄芩的高产优质栽培和深加工具有技术优势。

（四）黄芩品种选育

根据生育期不同把黄芩分为早熟、中熟和晚熟3个类型，以晚熟型生育性状好、黄酮类物质含量高。不同产地的黄芩在外观形态上有较大差异，如茎有青、紫两种颜色，花有紫花、粉花和白花之分，且在株高、分枝数、地上部鲜重等生物性状上也有较大区别。

刘中申等通过对黄芩航天育种的初步实验研究结果表明，航天黄芩种子的发育速度较普通种子快，且根长、根粗、株高都明显增加，同时叶片颜色和叶片大小也有差别；染色体类型也发生了畸变，出现了染色体裂片、染色体桥、落后染色体和先行染色体。

对黄芩自然种群遗传多样性的研究结果表明，其种群间的遗传变异占到总变异的18.83%，而种群内变异占81.17%。邵爱娟等对34个黄芩不同种源进行了RAPD分析，结果表明，不同种源黄芩间具有丰富的遗传多样性。

光合特性进行研究结果表明，种源黄芩的净光合速率、光饱和点、光补偿点等光合指标间差异显著中渭源种源黄芩对高光强利用能力最强，赤峰种源黄芩对弱光利用能力显著高于其他种源。另外，采用扩增片段长度多态性（AFLP）技术，对人工栽培群体的 8 个形态变异类型黄芩进行多态性分析，结果发现人工栽培群体黄芩形态变异类型间存在较高多态性，遗传多样性较丰富。

杜弢等采用田间调查与实验室测定相结合的方法考察了四倍体黄芩 D20 在西部干旱地区的表现，结果表明，四倍体黄芩新品系 D20 生长势旺，抗逆性强，产量和黄芩苷含量高，优于当地主栽品系。单成钢等分析了航天搭载对黄芩 SP1 群体成苗能力、株型性状、生殖性状以及过氧化物同工酶的差异的影响，结果表明，除个别性状外，搭载从总体上对地上部性状起抑制作用；航天诱变有一定的扩大各性状的变异谱作用，航天诱变使过氧化物同工酶酶谱多态性增加。

北京中医药大学自 2004 年开始黄芩种质资源的收集和评价工作，结果发现不同产地之间，以及同一产地内不同变异植株之间药材质量存在显著差异，黄芩苷含量最高可达 16.62%，而最低只有 9.74%；汉黄芩苷最高为 3.84%，最低只有 1.71%，黄芩素最高 2.16%，最低 0.55%，通过连年优选已经初步确定了优良单株，进一步的株系试验正在筛选中。

第二节　黄芩生长发育

一、形态特征和生活习性

（一）形态特征

多年生草本植物。地下根茎肥厚，肉质，伸长而有分枝。

茎基部伏地，上升，钝四棱形，具细条纹，近无毛或被上曲至开展的微柔毛，绿色或带紫色，自基部多分枝。

叶坚纸质，披针形至线状披针形，顶端钝，基部圆形，全缘，上

面暗绿色，无毛或疏被贴生至开展的微柔毛，下面色较淡，无毛或沿中脉疏被微柔毛，密被下陷的腺点，侧脉4对，与中脉上面下陷下面凸出；叶柄短，腹凹背凸，被微柔毛。

茎及枝上顶生总状花序，常再于茎顶聚成圆锥花序；花有梗，与花序轴均被微柔毛；下部苞片似叶，上部较小，卵圆状披针形至披针形，近于无毛。花萼外面密被微柔毛，萼缘被疏柔毛，内面无毛。花冠紫、紫红至蓝色，外面密被具腺短柔毛，内面在囊状膨大处被短柔毛；冠筒近基部明显膝曲，冠檐2唇形，上唇盔状，先端微缺，下唇中裂片三角状卵圆形，两侧裂片向上唇靠合。雄蕊4枚，稍露出，前对较长，具半药，退化半药不明显，后对较短，具全药，药室裂口具白色髯毛，背部具泡状毛；花丝扁平，中部以下前对在内侧后对在两侧被小疏柔毛。花柱细长，先端锐尖，微裂。花盘环状，前方稍增大，后方延伸成极短子房柄。子房褐色，无毛。

小坚果卵球形，黑褐色，具瘤，腹面近基部具果脐。

花期7—8月，果期8—9月。

（二）生活习性

野生黄芩多见于山顶、山坡、林缘、路旁等向阳较干燥处。喜温暖，耐严寒，成年植株地下部分在－35℃低温下仍能安全越冬，35℃高温不致枯死，但不能经受40℃以上连续高温天气。

耐旱怕涝，地内积水或雨水过多，生长不良，重者烂根死亡。

栽培黄芩不宜种植在排水不良的土地上。宜在壤土和沙质壤土种植，酸碱度以中性和微碱性为好。忌连作。

主根在生长正常，其主根长度、粗度、鲜重和干重均逐年增加，主根中黄芩苷含量较高。以后，生长速度开始变慢，部分主根开始出现枯心，以后逐年加重，8 年生的家种黄芩几乎所有主根及较粗的侧根全部枯心，而且黄芩苷的含量也大幅度降低。

出苗后，主茎逐渐长高，叶数逐渐增加，随后形成分枝并现蕾、开花、结实。5—6 月为茎叶生长期，一年生黄芩主茎约可长出 30 对叶，其中前五对叶每 4 ~6d 长出 1 对，其后叶片每 2 ~3d 长出 1 对。

一年生植株一般出苗后 2 个月开始现蕾，2 年生及其以后的黄芩，多于返青出苗后 70 ~80d 开始现蕾，现蕾后 10d 左右开始开花，40d 左右果实开始成熟，如环境条件适宜黄芩开花结实可持续到霜枯期。

二、生长发育

（一）黄芩生育时期和生育阶段

（1）生育时期　黄芩是多年生草本植物。从出苗或萌芽、长叶、开花、结实、种子成熟的每个年度的生活周期中，有一定的生长节律。可以人为地划分为一些时期。一般可以划分为苗期、现蕾期、开花期、种子成熟期等。

苏淑欣等（2003）总结了承德地区黄芩的生长发育规律，足墒春播，20℃出苗，6 月下旬 7 月上旬现蕾，现蕾后 10d 开花，花后 22d 种子成熟。

王峰伟（2007）研究认为，一年生黄芩的各物候期均晚于二年生黄芩，其生育天数较短；二年生黄芩的地上部分和根系均有两个较快的生长时期，分别出现在生殖生长期前后；地上部分的干质量和鲜质量都有两个生长高峰，均出现在 7 月 20 日和 9 月 20 日，而根系的干质量和鲜质量则持续增长；二年生黄芩的根冠比在 10 月 20 日达最大值（0. 50）；二年生植株的株高、根直径及根系的干质量和鲜质量等均优于一年生植株。

胡国强等（2012）把黄芩的年内生育时期划分为萌芽期，展叶期，花果中期、末期，枯黄期。

关于一年生黄芩生长发育的动态变化，张红瑞等（2009）研究认为，北京地区一年生黄芩生物量增长最快时期在8月初至9月初，全株生物量累积表现“慢—快—慢”增长。一年生黄芩的生长表现为营养生长和生殖生长相伴进行，整个生长期以营养生长为主，在生物量生殖分配过程中，根、茎、叶所占比例均在20%以上，并且存在第二次营养生长期。

黄芩的干物质积累与分配，李世等（2010）发现有一定的规律性。生长前期是茎、叶生长的主要时期，现蕾前为茎、叶干物质积累的最快时期，开花结实期茎干重及比例达到高峰。现蕾期开始，花和果实干物质积累逐渐加快。现蕾后去除花蕾，可促进根部干物质积累和提高产量。

（2）生育阶段　生育阶段可归纳为花蕾发育（现蕾开花），果实发育（现蕾—成熟）和种子发育（开花—种子成熟）。

黄芩播种7d后，黄芩种子开始发芽，10d子叶展开，在生长点的基部，叶原基逐渐发育，20d左右长出第一对真叶而进入营养生长期，6月下旬进入生殖生长期，9月中旬地上部分开始衰退，二年生以上黄芩秋季地上部分开始衰退后，从植株基部长出新的营养体，进入第二次营养生长期。一年生黄芩也存在第二次营养生长期。

不同生育阶段对黄芩生长和活性成分积累有明显影响。胡国强等（2012）试验发现，黄芩整个生育过程总黄酮含量变化不显著，黄芩苷含量逐渐上升，黄芩素含量逐渐下降。营养生长阶段的展叶期和生殖生长阶段的枯黄期可能是影响黄芩生长发育和活性成分含量的主要时期和阶段。

（二）环境条件对黄芩生长发育的影响

环境条件影响着黄芩的生长发育。温度、光照、水分等自然生态因子和栽培措施等人为生态因子都有重要影响。

（1）温度的影响　温度是影响黄芩生长发育的主要环境因子。

以种子发芽的三基点温度（最低、适宜、最高）而论，目前，各领域看法比较一致。

谷婧等（2013）再次肯定，15～25℃是黄芩种子萌发的最适温度。因此，黄芩更适合春播和秋播。夏季的高温和高湿不利于种子萌发。

刘自刚等（2011）在黄芩花粉管离体萌发与花粉管生长的研究中，也认为最适宜温度是25℃。

（2）光照的影响　不同生境条件下黄芩光合日变化与环境因子的关系在黄芩盛花期，不同生境黄芩Pn日变化均呈不明显双峰曲线，有轻微光合“午休”现象，黄芩Pn中午降低均为气孔限制；低的空气湿度是产生光合“午休”现象的重要生态因子。

陈顺钦等（2010）研究了光照对黄芩悬浮细胞内源激素与有效成分相关性的影响。采用HPLC法检测黄芩悬浮细胞中黄芩苷含量，酶联免疫吸附法检测内源激素。研究结果表明，在光照条件下，伴随着IAA（吲哚乙酸）含量的降低，黄芩苷含量也随之降低，两者变化曲线显著相关（r = 0.972）。相对较高的IAA含量和相对较低的GAs（胃泌素）含量有利于黄芩苷的积累，而绝对的GAs含量在本研究中并没有表现出与黄芩苷有很强的相关性。结论是黄芩悬浮细胞有效成分与内源激素绝对含量以及相对含量具有相关性。

华智锐等（2012）探讨了温度和光照对商洛黄芩种子萌发的影响。研究不同光照（全黑暗、10h光照 + 14h黑暗）和不同温度（15℃、20℃、25℃、30℃、35℃）条件下商洛黄芩种子萌发特性。通过对发芽率、发芽势、芽长、根长、鲜质量和干质量等相关指标测定得出，随着温度的升高，除芽长表现出逐渐上升趋势外，其他指标均呈先升后降趋势，发芽率、发芽势、干质量和根长都在20℃时达到峰值，芽长和鲜质量分别在30℃和25℃时出现峰值；除芽长在各温度下全黑暗处理均大于光暗结合处理外，在大于20℃条件下，各指标都表现为光暗结合处理优于全黑暗处理。结果表明，10h光照结合14h黑暗、20℃为商洛黄芩种子萌发的最适光照和温度条件。

（3）水分的影响　邵玺文等（2006）在黄芩生长季节设4种供水处理，即严重干旱处理Ⅰ（150mm）、中度干旱处理Ⅱ（250mm）、轻度干旱处理Ⅲ（350mm），充分供水处理Ⅳ（450mm）作对照，研究了水分供给量对黄芩生长与光合特性的影响。结果表明，水分供给量250mm和350mm处理，黄芩生长好，地上部、地下部和总生物量均较高，Pn日均值为13.24～12.76$\mu molCO_2 \cdot m^{-2} \cdot s^{-1}$；水分供给量150mm和450mm处理，黄芩地上部、地下部和总生物量均较低；水分供给量350mm和450mm处理，黄芩Pn出现光合“午休”现象，呈不明显双峰曲线；水分利用效率（WUE）在150mm处理较高，与450mm处理差异达显著水平（$P<0.05$）；黄芩Pn降低是气孔因素和非气孔因素共同作用，上午和下午以气孔因素为主，中午以非气孔因素为主；黄芩比较耐旱，适度的干旱可提高黄芩Pn和药用部位根的生物量，提高黄芩根部黄芩苷的含量。

王峰伟等（2010）通过对黄芩采用室外盆栽控水，测定不同生长发育阶段黄芩的耗水量，地上、地下部分的质量变化以及产量和有效成分含量，研究不同土壤水分条件对黄芩生长发育的影响。3个处理分别为土壤相对含水量的30%、50%、80%。结果表明，黄芩在开花前营养生长阶段耗水量最大，土壤相对含水量30%和80%的处理都不利于黄芩的生长发育；土壤相对含水量50%的处理黄芩产量最高，并且有效成分含量达到13.6%，与其他处理差异显著。

（4）其他因素的影响　唐文婷等（2010）研究UV－B辐射对黄芩幼苗生长及生理生化指标的影响。对经过11.8$\mu W \cdot cm^{-2}$UV－B连续辐照7d后黄芩幼苗的生长及一些生理生化指标进行了测定和分析。结果表明，经11.8$\mu W \cdot cm^{-2}$UV－B辐照7d后，黄芩幼苗的平均株高和单株平均干质量分别为8.1cm和0.026g，与对照无显著差异（$P>0.05$）；叶片的叶绿素a、叶绿素b、总叶绿素及类胡萝卜素含量分别为2.89$mg \cdot g^{-1}$、1.04$mg \cdot g^{-1}$、3.93$mg \cdot g^{-1}$和0.48$mg \cdot g^{-1}$，均极显著低于对照（$P<0.01$）；叶绿素a/b比值以及类胡萝卜素/总叶绿素比值分别为2.78和0.122，分别显著或极显著高于对照

($P<0.05$，$P<0.01$)；叶片中的过氧化氢酶（CAT）和过氧化物酶（POD）活性均极显著高于对照（$P<0.01$），分别为2 412U·g^{-1}和2 208U·g^{-1}；超氧化物歧化酶（SOD）活性（1 228U·g^{-1}·h^{-1}）较对照略有升高，但差异不显著（$P>0.05$）；叶片中的抗坏血酸（ASA）及游离脯氨酸含量均显著高于对照（$P<0.05$），分别为11.5mg·g^{-1}和57.7μg·g^{-1}；丙二醛（MDA）含量高于对照，紫外吸收物相对含量和苯丙氨酸解氨酶（PAL）活性均低于对照，但差异不显著（$P>0.05$）。研究结果显示，11.8μW·cm^{-2}UV－B连续辐照7d对黄芩幼苗的生长无显著抑制作用，黄芩幼苗能够通过自身的抗氧化系统有效减轻UV－B辐射产生的氧化损伤，对UV－B辐射表现出一定的耐受能力。

张永刚等（2014）研究了环境因子对黄芩光合生理和黄酮成分的影响。认为光合有效辐射、土壤含水量是影响黄芩光合作用的重要环境因子。土壤含水量、相对湿度、气孔导度是影响黄芩苷含量的重要环境因子。大气压力，大气湿度是影响黄芩素含量的重要环境因子。

付琳等（2015）报道，较低纬度、较高气温、较长日照时数有利于黄芩苷的积累。

郭兰萍等（2014）报道，黄芩中多数化学组成与纬度成负相关，与温度成正相关。在从内蒙古赤峰到陕西太白一线均适宜黄芩次生代谢产物的积累，为黄芩的适生区和潜在道地产区。

第二章　黄芩人工种植

第一节　人工种植的主要技术环节

综合各地种植经验，黄芩的常规栽培主要技术环节可概括如下。

一、选地整地

（一）选地

选择地势较高，向阳干燥的地块。黄芩喜温暖凉爽气候，耐寒、耐旱、耐瘠薄。但怕涝，地内积水或雨水过多，则生长不良，重者烂根、死亡。适宜生长在阳光充足、土层深厚、肥沃的中性、微碱性土壤或沙质土壤中；土壤偏黏，不利于出苗，更不利于根部生长。

王晓立等（2007）介绍了黄芩的山坡地仿野生栽培技术，认为应选择坡度 <25°的向阳或半向阳坡耕地，土层厚 25cm 以上。

李秀芹等（2014）在介绍承德地区旱地黄芩直播栽培技术中，要求选用中性或近中性的沙壤土，平地、缓坡地、梯田均棵。

（二）整地

播种前要深翻整地。在种植前施足基肥，之后深耕土地 30cm 以上，耙细耙平。耕地过浅，黄芩容易生长侧根；整地不平，不利于出全苗。

二、播种和栽植

（一）黄芩繁殖方式

至今，可概括为种子直播、育苗移栽、分株繁殖（分根扦插）、

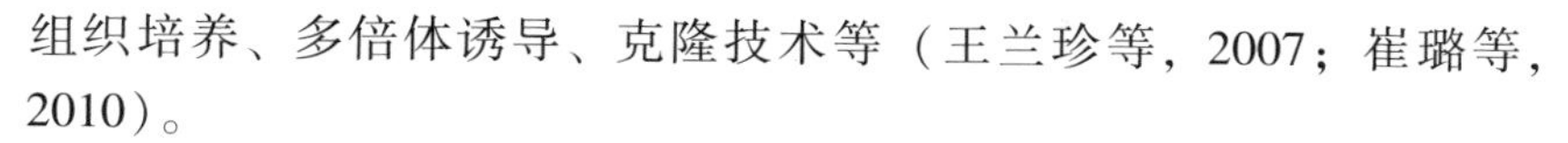

组织培养、多倍体诱导、克隆技术等（王兰珍等，2007；崔璐等，2010）。

刘金花等（2009）从药材产量与质量比较的角度，强调大面积种植黄芩应以育苗移栽为主。

华智锐等（2010）也认为，育苗移栽法从根重、总生物量，干物质积累等方面都优于其他方法。

李秀芹等（2014）介绍了承德地区旱地黄芩直播栽培技术。既可旱地平播，也可与玉米套种。撒播，播量1～1.5kg/亩*。

（二）播种

（1）播种时期　种子直播的播期应根据当地条件适当掌握，以能达到苗全苗壮为目的。在全国范围的黄芩种植区，既可因地制宜进行春播，也可进行夏播或秋播。

陈万翔等（2010）在河北省承德地区的播期试验表明，在8个播期中，以7—8月雨季播种，并于8月出苗的，黄芩根部黄芩苷含量最高。

宋国虎等（2013）实践证明，7月和9月播种的黄芩在当年即有较高的出苗率，播深0.5cm。认为承德地区最适宜播期为7月。李秀芹等（2014）则认为，在承德地区黄芩的旱地直播中，5月中旬前后，5cm土温稳定在15℃时即可播种。

李晓霞等（2013）在山西省运城地区的黄芩标准化生产技术中，4月下旬至5月中旬，8月中旬皆可播种。

李琳等（2013）以北京市延庆区大榆树镇奚高营村为试验示范点，采用随机区组设计，布置了用黄芩播种试验。播种时间分别为5月15日、5月30日、6月15日、6月30日、7月15日、7月30日、8月15日和8月30日。株行距为15cm×25cm。探讨播期对黄芩药材生长的影响。结果见表2－1。

---

* 注：1亩＝667m²。下同。

表 2－1　不同播期对黄芩药材生长的影响（李琳，2016）

播期（月/日）	出苗率（%）	株高（cm）	地径（mm）	根长（cm）	芦头直径（mm）	芦头 10cm 直径（mm）	产量（kg/亩）
5/15	6.81	27.30 ±4.99	2.95 ±1.07	16.20 ±3.63	7.33 ±1.93	4.38 ±1.09	3.59
5/30	5.24	26.00 ±4.33	2.84 ±1.17	16.87 ±4.39	6.51 ±2.03	4.04 ±1.43	3.32
6/15	1.96	24.40 ±6.05	2.40 ±0.74	15.70 ±3.22	6.28 ±1.64	3.14 ±1.21	2.89
6/30	9.74	18.73 ±3.44	1.46 ±0.94	14.50 ±3.48	4.34 ±1.78	1.81 ±0.75	1.49
7/15	4.97	11.87 ±3.46	1.04 ±0.53	10.87 ±3.26	2.80 ±1.60	1.70 ±0.99	0.82
7/30	7.36	7.83 ±3.01	0.55 ±0.27	10.70 ±3.48	1.82 ±0.97	1.14 ±0.66	0.52
8/15	10.72	/	/	/	/	/	/
8/30	11.03	/	/	/	/	/	/

从试验结果可以看出，黄芩出苗率与播种时期的关系不太明显，其中 8 月 15 日播种和 8 月 30 日播种的黄芩出苗率比较高，而 6 月 15 日和 7 月 15 日播种的黄芩出苗率比较低，这可能与降水量有关，而从株高、产量、地茎、根长、根粗以及亩产量来看，随着播期的推迟逐渐降低。因此，从一年试验结果来看，春、夏、秋季节均适合播种，但是 5 月以前在延庆地区积温较低，出苗率比较低，要适当加大播种量，而在 5—8 月，如果土壤湿度合适（灌溉方便），可以尽量提前播种，保证产量；若在灌溉条件不方便的情况下，可选择雨季播种。

（2）播种量和播种深度　一般每亩播种量 1.5 ~ 2.0kg。因种子细小，为避免播种不匀，播种时可掺 5 ~ 10 倍细沙或小米混匀后播种。如土壤湿度适中，15d 左右即可出苗。播种越浅，出苗率约高。

李晓霞等（2013）介绍，在山西省运城地区，黄芩的播量为 2 ~ 3kg/亩。

试验和实践表明，有的地区播种深度以 0.5 ~ 1cm 为宜。

李琳等 2012—2013 年在北京以播种时期、播种量、播种深度分别为试验因素，自 5 月 15 日开始，每半月取样 1 次，设置 8 个水平，亩播种量分别为0.5kg、0.9kg、1.3kg、1.7kg、2.1kg，播种深度分别为0cm、0.6cm、1.2cm、1.8cm、2.4cm、3.2cm。通过测定黄芩药材的生长指标，来考察不同的播种时期、播种量和播种深度对黄芩药材生长的影响，田间布置及工作情况（表2-2，表2-3）。

表2-2 不同播种重量对黄芩药材生长的影响（李琳，2016）

播量（kg/亩）	出苗率（%）	株高（cm）	地径（mm）	根长（cm）	芦头直径（mm）	芦头10cm直径（mm）	产量（kg/亩）
0.50	9.33	28.50±5.14	4.06±6.77	15.32±2.71	7.58±2.15	7.01±1.24	3.80
0.90	7.47	27.13±3.87	2.47±0.76	17.10±3.53	6.42±1.35	3.56±0.85	3.16
1.30	6.97	29.57±4.51	2.64±0.92	17.93±2.33	7.01±1.80	4.43±1.32	3.47
1.70	6.54	33.20±5.87	2.83±1.19	15.83±2.90	6.43±1.74	3.79±1.17	2.93
2.10	5.29	30.37±5.03	2.37±0.91	16.10±3.24	5.85±1.93	3.94±1.37	2.59

从试验结果可以看出，随着播量的增加出苗数逐渐增加，但是出苗率和产量逐渐降低。从一年的数据看，当亩播种量在0.5kg时，出苗率达到9.33%，亩产量为3.8kg，而当播种量在2.1kg时，出苗率仅有5.29%，亩产也只有2.59kg。因此生产中建议亩播量在0.5kg。

表2-3 不同播种深度对黄芩药材生长的影响（李琳，2016）

播深（cm）	株高（cm）	地径（mm）	根长（cm）	芦头直径（mm）	芦头10cm直径（mm）	产量（kg/亩）
0.00	23.53±4.75	1.78±0.75	15.87±2.99	5.52±1.71	2.76±1.29	2.23
0.60	24.70±6.36	1.76±0.73	17.13±3.28	5.54±1.50	3.04±1.14	2.31
1.20	25.83±4.63	1.85±0.84	15.93±2.92	5.48±1.41	3.28±1.33	2.56
1.80	19.30±5.24	1.14±0.57	12.17±2.38	4.16±1.58	2.08±0.95	1.40
2.40	27.63±4.84	2.51±0.88	15.70±2.58	6.78±1.36	4.30±1.00	3.37
3.00	20.13±5.72	2.03±2.48	13.43±3.04	5.01±2.68	2.48±1.49	2.24

从出苗率来看，随着播深的增加，出苗率降低；随着耕深的增加出苗率增加。通过以上数据表明，播种深度为2.4cm时，黄芩药材

的产量要明显优于其他播种深度，可作为日后黄芩药材的最佳播种深度。

通过以上数据表明，在5—8月，如果土壤湿度合适（灌溉方便），可以尽量提前播种，保证产量；而在灌溉条件不方便的情况下，可选择雨季播种。播种深度为2.4cm时，播量在0.5kg，黄芩药材的产量要明显优于其他播种深度，可作为日后黄芩药材的最佳播种深度和播量。

（3）种子处理　有条件地区可以温汤浸种，结合药剂浸种或拌种。

王胜等（2014）用赤霉素100～600mg/kg对黄芩种子进行浸种。试验证明，以500mg/kg效果最佳。500mg/kg浓度以下，处理72h，种子发芽率可达84.7%。

路正营等（2015）在黄芩的春、夏、秋播试验中，用40～45℃温水加入50%多菌灵1 000倍液浸种5～6h。

（4）播种方式　可因地制宜采用撒播或条播。

（三）分株繁殖

采用分株繁殖可在收获时进行。采收时选取高产优质植株，切取主根留作药用，根头部分供繁殖用。冬季采收的可将根头埋在窖内，翌年春季再分根栽种。若春季采挖，可随挖随栽。为了提高繁殖数量，可根据根头的自然形状，用刀劈成若干个单株，每个单株留3～4个芽眼，然后按株行距5cm×35cm栽于田中。分根繁殖成活率高，生长快，可缩短生产周期。

（四）移栽

注意适宜的移栽时期。

陈震等（19699）根据扦插繁殖试验，认为北京地区7月是适宜的移栽期。

张永清等（2007）依据山东省的经验，从3月20日至5月19日

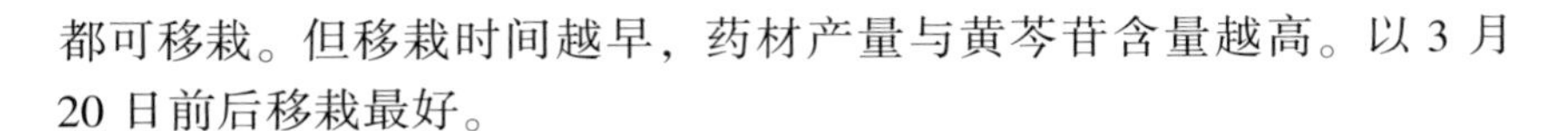

都可移栽。但移栽时间越早，药材产量与黄芩苷含量越高。以 3 月 20 日前后移栽最好。

三、田间管理

（一）间苗

幼苗长到 4cm 高时，间去过密和瘦弱的小苗，按株距 10cm 定苗。

育苗移栽的不必间苗，但须加强管理，除去杂草。干旱时还须浇清粪水。在幼苗长至 8 ~ 12cm 高时，选择阴天将苗移栽至田中。定植行距为 35cm，株距 10cm，移栽后及时浇水，以确保成活。

（二）中耕除草

第一次除草一般在 5 月中下旬，结合中耕拔除田间杂草，中耕要浅，以免损伤黄芩幼苗；第二次除草一般在 6 月中下旬追肥前。中耕不要太深，结合间苗把草除净；第三次除草一般在 7 月中下旬，此时要拔除田间杂草，并进行深中耕。

（三）施肥

（1）常规施肥　关于常规施肥。底肥和追肥相结合。配方施肥等方面，都有成功的经验和研究报道。

例如，张燕等（2007）试验表明，N 肥过多可造成黄芩质量下降，P 肥则会显著提高黄芩苷含量，促进黄芩根的生长和生理活动，促进生物量积累。

赵丽莉等（2010）认为，增加铵态氮的比例，黄芩种子发芽率逐渐升高。叶片 SOD（超氧化物歧化酶）和 POD（过氧化物酶）活性逐渐降低。铵态氮与硝态氮适当配比对幼苗生长和生理特性有影响。

（2）微量元素肥料的施用　张晓虎等（2015）研究了商洛黄芩

Fe、Cu、Mn 积累规律和施肥对其影响，为微量元素施用提供参考。发现黄芩体内 Fe > Zn，Mn > Cu。施用 N、P、K 可提高黄芩根中 P、Fe、Mn 含量。

李琳等（2012—2013）曾试验研究了追施微量元素肥料对黄芩生长、黄芩茶和药材产量的影响。以延庆县大榆树镇奚高营村为试验示范点。

大田试验配方组成见表 2－4。

表 2－4　大田试验配方组成试验设计参数（李琳，2016）

实验因素 每亩施肥量 （kg）	Ca	Fe	Zn	空白对照	重复	小区 总数	小区 面积
L1	0.00	0.00	0.00	Ca_1 Fe_1 Zn_1	3	48	4m×5m
L2	0.40	0.15	0.20				
L3	1.00	0.30	0.30				
L4	2.50	0.60	0.40				
处理代号	Ca	Fe	Zn				

分别测定不同处理的生长指标和药材产量，结果如表 2－5。

表 2－5　不同追肥配比处理的黄芩药材的生长指标（李琳，2016）

追肥配比 Ca : Fe : Zn	株高 （cm）	地径 （mm）	一级分 支数 （个）	根长 （cm）	芦头直径 （mm）	距芦头 10cm 处直径 （mm）	总侧根数 （个）	产量 （kg/亩）
1 : 1 : 1	79.23 ± 14.23	6.40 ± 1.85	3.07 ± 1.41	19.62 ± 4.94	15.22 ± 3.13	9.22 ± 2.23	3.13 ± 1.87	134.6 ± 49.34
1 : 2 : 1	86.20 ± 10.87	5.70 ± 2.27	4.00 ± 1.44	18.59 ± 4.49	15.40 ± 3.02	9.26 ± 3.25	3.03 ± 2.46	117.7 ± 57.75
1 : 3 : 1	82.40 ± 7.88	6.31 ± 2.28	3.87 ± 1.87	18.60 ± 4.92	16.91 ± 5.33	9.43 ± 3.17	3.50 ± 2.15	146.3 ± 114.20
1 : 4 : 1	89.33 ± 12.82	6.59 ± 6.99	3.20 ± 1.63	17.20 ± 3.51	15.11 ± 6.63	9.97 ± 3.69	3.20 ± 2.27	119.5 ± 70.58

（续表）

追肥配比 Ca：Fe：Zn	株高 （cm）	地径 （mm）	一级分支数 （个）	根长 （cm）	芦头直径 （mm）	距芦头10cm处直径 （mm）	总侧根数 （个）	产量 （kg/亩）
2：1：2	83. 50 ± 9. 67	6. 27 ± 1. 78	3. 67 ± 1. 37	19. 72 ± 3. 85	16. 78 ± 4. 04	10. 46 ± 2. 24	3. 07 ± 1. 60	136. 5 ± 69. 86
2：2：2	86. 97 ± 8. 76	4. 85 ± 2. 97	3. 37 ± 1. 81	16. 86 ± 5. 01	13. 75 ± 3. 64	8. 56 ± 3. 00	1. 77 ± 1. 33	120. 7 ± 58. 97
2：3：2	86. 24 ± 11. 54	6. 06 ± 1. 61	3. 48 ± 2. 51	20. 70 ± 4. 39	14. 56 ± 4. 07	9. 33 ± 3. 66	3. 36 ± 2. 06	134. 0 ± 83. 82
2：4：2	87. 93 ± 11. 52	5. 43 ± 2. 03	3. 17 ± 1. 23	18. 32 ± 3. 72	16. 97 ± 5. 64	9. 82 ± 3. 69	2. 63 ± 1. 79	166. 9 ± 78. 66
3：1：3	83. 17 ± 10. 73	6. 19 ± 1. 51	3. 60 ± 2. 34	20. 88 ± 4. 50	14. 99 ± 3. 72	9. 53 ± 3. 35	3. 20 ± 2. 24	143. 8 ± 87. 31
3：2：3	86. 53 ± 9. 13	5. 70 ± 2. 57	3. 73 ± 1. 68	20. 10 ± 4. 34	16. 26 ± 4. 15	10. 35 ± 3. 68	3. 73 ± 2. 63	176. 4 ± 99. 96
3：3：3	82. 10 ± 7. 71	6. 42 ± 2. 16	3. 83 ± 2. 41	20. 62 ± 2. 95	15. 59 ± 4. 05	9. 32 ± 2. 75	4. 00 ± 2. 26	152. 1 ± 86. 33
3：4：3	89. 37 ± 12. 29	6. 88 ± 1. 96	2. 63 ± 1. 03	19. 16 ± 3. 19	15. 92 ± 3. 64	10. 01 ± 3. 27	2. 03 ± 1. 92	150. 6 ± 75. 88
4：1：4	84. 20 ± 13. 31	6. 15 ± 2. 17	3. 63 ± 1. 63	20. 48 ± 3. 37	16. 82 ± 5. 11	9. 99 ± 3. 68	3. 70 ± 1. 99	178. 5 ± 117. 45
4：2：4	90. 43 ± 10. 63	6. 37 ± 2. 22	3. 73 ± 1. 60	18. 89 ± 3. 75	16. 28 ± 4. 49	9. 59 ± 2. 92	2. 97 ± 2. 13	124. 5 ± 80. 84
4：3：4	79. 97 ± 10. 33	5. 60 ± 1. 32	3. 17 ± 1. 72	19. 41 ± 4. 35	13. 57 ± 4. 33	8. 09 ± 3. 15	2. 80 ± 1. 96	122. 0 ± 85. 32
4：4：4	83. 73 ± 9. 96	4. 89 ± 1. 43	3. 03 ± 1. 07	18. 11 ± 2. 60	14. 10 ± 2. 86	9. 12 ± 3. 29	2. 70 ± 2. 66	118. 3 ± 58. 93
F 值	2. 824**	1. 476	1. 351	2. 862	2. 078**	1. 086	2. 368**	1. 868*

关于追肥对黄芩药材活性成分含量的影响，见表 2 – 6 和表2 – 7。

表 2－6　不同追肥配比处理下黄芩药材活性成分的含量差异（李琳，2016）

追肥配比 Ca：Fe：Zn	总黄酮（%）	黄芩苷（%）	汉黄芩苷（%）	黄芩素（%）	汉黄芩素（%）	千层纸素 A（%）
1：1：1	19.95 ±1.74	7.60 ±0.19	2.18 ±0.10	2.10 ±0.48	0.46 ±0.07	0.10 ±0.01
1：2：1	18.62 ±2.16	7.27 ±0.89	2.18 ±0.20	2.16 ±0.37	0.44 ±0.06	0.08 ±0.01
1：3：1	16.59 ±2.64	6.85 ±0.38	2.03 ±0.04	2.16 ±0.67	0.45 ±0.12	0.09 ±0.02
1：4：1	18.56 ±0.74	7.36 ±0.61	2.00 ±0.48	2.50 ±0.02	0.46 ±0.07	0.10 ±0.01
2：1：2	19.24 ±0.78	7.98 ±1.18	2.24 ±0.32	1.78 ±0.28	0.40 ±0.07	0.07 ±0.01
2：2：2	20.03 ±0.95	8.36 ±1.79	2.28 ±0.62	1.46 ±0.48	0.30 ±0.11	0.07 ±0.02
2：3：2	20.05 ±2.07	7.37 ±0.77	2.09 ±0.31	2.33 ±0.91	0.44 ±0.15	0.08 ±0.02
2：4：2	18.76 ±1.65	7.32 ±0.69	2.19 ±0.42	1.66 ±0.39	0.37 ±0.10	0.06 ±0.02
3：1：3	18.22 ±0.89	8.12 ±1.34	2.42 ±0.25	1.81 ±0.15	0.38 ±0.04	0.07 ±0.00
3：2：3	17.63 ±1.57	6.71 ±0.73	2.16 ±0.15	1.84 ±0.40	0.43 ±0.05	0.08 ±0.00
3：3：3	17.68 ±0.71	5.49 ±1.84	1.73 ±0.70	2.00 ±0.26	0.42 ±0.07	0.08 ±0.01
3：4：3	17.97 ±1.95	6.76 ±1.02	1.80 ±0.16	1.85 ±0.24	0.36 ±0.03	0.07 ±0.01
4：1：4	17.19 ±0.35	7.09 ±0.58	2.03 ±0.22	2.14 ±0.35	0.48 ±0.12	0.08 ±0.01
4：2：4	18.07 ±0.94	7.21 ±1.05	2.40 ±0.35	2.25 ±0.59	0.49 ±0.08	0.08 ±0.02
4：3：4	16.33 ±0.88	6.93 ±1.23	2.04 ±0.38	2.56 ±1.38	0.54 ±0.25	0.08 ±0.04
4：4：4	17.44 ±0.25	7.73 ±0.16	2.37 ±0.20	1.72 ±0.19	0.39 ±0.05	0.07 ±0.01
极小值	14.13	3.36	1.01	0.94	0.20	0.04
极大值	22.36	9.60	2.73	4.06	0.78	0.12
极差	8.23	6.24	1.72	3.32	0.58	0.08
F 值	1.915	1.30	0.936	0.944	0.951	1.110

表 2－7　不同追肥配比处理下黄芩药材的总黄酮含量（李琳，2016）

水平	Ca	Fe	Zn
L1	18.43 ±1.38	18.65 ±1.20	18.43 ±1.38
L2	19.52 ±0.63	18.59 ±1.04	19.52 ±0.63

（续表）

水平	Ca	Fe	Zn
L3	17.88 ±0.27	17.66 ±1.70	17.88 ±0.27
L4	17.26 ±0.72	18.18 ±0.60	17.26 ±0.72
F 值	5.08	0.58	5.08
极大值	20.05	20.05	20.05
极小值	16.33	16.33	16.33
R（极差）	3.72	3.72	3.72

分析结果表明，不同追肥配比处理下的黄芩药材的不同活性成分含量差异不同。当配比为 Ca：Fe：Zn＝2：3：2 时，总黄酮含量最高，其余的活性成分含量均较高，次之是配比为 2：2：2 时，其野黄芩苷含量最高，其余成分含量均较高。综合选定，2：2：2 为最佳优质型微肥配方。

关于追肥配比对黄芩药材中黄芩苷含量的影响，见表 2－8。

表 2－8　不同追肥配比处理下黄芩药材的黄芩苷含量（李琳，2016）

水平	Ca	Fe	Zn
L1	7.36 ±0.17	7.69 ±0.46	7.36 ±0.17
L2	7.76 ±0.50	7.44 ±0.69	7.76 ±0.50
L3	6.77 ±1.07	6.75 ±0.86	6.77 ±1.07
L4	7.24 ±0.35	7.26 ±0.40	7.24 ±0.35
F 值	1.70	1.57	1.70
极大值	8.36	8.36	8.36
极小值	5.49	5.49	5.49
R（极差）	2.87	2.87	2.87

表 2－9 是不同追肥配比对黄芩茶活性成分含量的影响。

表 2-9　不同追肥配比处理下黄芩茶活性成分的含量差异（李琳，2016）

追肥配比（Ca：Fe：Zn）	总黄酮（%）	野黄芩苷（%）	黄芩苷（%）	木犀草素（%）	芹菜素（%）
1：1：1	5.79±1.69	1.00±0.65	0.15±0.09	0.00±0.00	0.01±0.00
1：2：1	2.46±1.36	0.78±0.37	0.11±0.05	0.03±0.03	0.00±0.01
1：3：1	2.50±0.95	0.94±0.34	0.10±0.06	0.05±0.04	0.02±0.02
1：4：1	2.41±1.74	1.36±1.17	0.13±0.09	0.02±0.03	0.03±0.03
2：1：2	5.08±1.04	1.18±0.10	0.12±0.07	0.05±0.03	0.02±0.01
2：2：2	4.49±2.45	0.88±0.58	0.10±0.10	0.00±0.00	0.01±0.01
2：3：2	4.45±1.14	0.91±0.23	0.09±0.04	0.05±0.01	0.02±0.01
2：4：2	4.70±1.40	1.69±1.05	0.11±0.09	0.02±0.03	0.01±0.01
3：1：3	4.79±1.46	0.63±0.34	0.10±0.04	0.02±0.04	0.02±0.01
3：2：3	5.08±2.48	0.98±0.66	0.16±0.12	0.08±0.09	0.02±0.02
3：3：3	4.90±2.84	0.79±0.43	0.07±0.01	0.03±0.02	0.01±0.01
3：4：3	5.98±1.87	0.62±0.51	0.14±0.04	0.01±0.02	0.01±0.01
4：1：4	3.83±2.48	1.37±0.83	0.07±0.02	0.03±0.01	0.09±0.15
4：2：4	5.07±4.02	1.06±0.58	0.16±0.11	0.02±0.02	0.01±0.01
4：3：4	4.50±4.00	1.25±0.92	0.20±0.11	0.02±0.03	0.01±0.00
4：4：4	4.82±2.88	1.33±1.05	0.08±0.07	0.04±0.03	0.02±0.01
极小值	0.75	0.14	0.02	0.00	0.00
极大值	9.70	2.90	0.32	0.18	0.27
极差	8.95	2.76	0.30	0.18	0.27
F 值	0.679	0.563	0.700	1.089	0.837

表 2-10 表明不同追肥配比对黄芩叶总黄酮含量的影响。

表 2-10　不同追肥配比处理下黄芩叶的总黄酮含量（李琳，2016）

水平	Ca	Fe	Zn
L1	18.43 ±1.38	18.65 ±1.20	18.43 ±1.38
L2	19.52 ±0.63	18.59 ±1.04	19.52 ±0.63
L3	17.88 ±0.27	17.66 ±1.70	17.88 ±0.27
L4	17.26 ±0.72	18.18 ±0.60	17.26 ±0.72
F 值	5.08	0.58	5.08
极大值	20.05	20.05	20.05
极小值	16.33	16.33	16.33
R（极差）	3.72	3.72	3.72

表 2-11 表明不同追肥配比对黄芩叶中野黄芩苷含量的影响。

表 2-11　不同追肥配比处理下黄芩叶的野黄芩苷含量（李琳，2016）

水平	Ca	Fe	Zn
L1	1.03 ±0.25	1.05 ±0.32	1.03 ±0.25
L2	1.16 ±0.38	0.92 ±0.12	1.16 ±0.38
L3	0.76 ±0.17	0.98 ±0.20	0.76 ±0.17
L4	1.25 ±0.14	1.26 ±0.45	1.25 ±0.14
F 值	2.97	0.97	2.97
极大值	1.69	1.69	1.69
极小值	0.63	0.63	0.63
R（极差）	1.06	1.06	1.06

分析结果表明，不同追肥配比处理下的黄芩茶的活性成分呈现出显著差异，以总黄酮为例，当追肥配比为 Ca : Fe : Zn 为 3 : 4 : 3 时，总黄酮含量最高；当追肥配比为 2 : 4 : 2 时，野黄芩苷的含量明显增高，其余有效活性成分含量均较高。综合选定，2 : 4 : 2 为最佳黄芩茶优质型微肥配方。

综上看出，适当施以微肥肥料可以促进黄芩药材生长，从而提高黄芩药材的产量。研究发现，在施以配比为3：1：3的肥料下，黄芩药材的产量能够得到最大化提高，可作为黄芩药材的最佳高产型微肥配方。施加一定比例和数量的肥料不但可以提高黄芩药材的产量，还可以使药材的质量得到很大提升。研究发现在肥料配比为2：2：2的处理下的药材中的有效活性成分达到最大化提高，可作为黄芩药材的最佳优质型微肥配方；然而黄芩叶则是在肥料配比为2：4：2时，其中的有效成分含量达到最高，可作为黄芩茶的优质型微肥配方。综合比较，当肥料中Ca：Fe：Zn的配比为4：1：4（2.5kg/亩、0kg/亩、0.4kg/亩）时，黄芩药材和黄芩叶的产量较高，所含的有效活性成分也较高，故选其为最佳的药茶两用黄芩的优质高产型微肥配方。

（3）叶面喷肥　关于不同微量元素肥料叶面喷肥对黄芩生长、黄芩茶及药材产量的影响，李琳等（2012—2013）做了试验研究。

由于土地肥沃程度不同，黄芩药材仅靠从土壤自身汲取营养已经不足以满足其生长要求，普遍药材种植农户也会为提高黄芩药材产量而定期进行喷肥处理，不同的喷肥配比对黄芩药材的产量和质量是否有明显的影响，何种肥料配比是最佳的喷肥处理等问题已经引起了广泛的思考。本试验通过进行不同肥料配比进行喷肥处理，测定黄芩药材的产量及其药用成分（如黄芩苷、汉黄芩苷、黄芩素、汉黄芩素、千层纸素A）的含量，筛选出最佳的喷肥肥料配比。

以延庆县大榆树镇奚高营村为试验示范点，采用正交试验设计配置叶面肥，采用随机区组设计，与不同生长期喷施不同浓度的叶面铁肥（EDDHA－Fe）、叶面钙肥（螯合钙）和奇效绿神等叶面肥（表2－12），通过比较黄芩药材的产量和药用成分含量的差异，考察喷施微肥对药材和茶产量与质量的影响，筛选出适合的微肥配比。

表 2-12 大田试验配方组成试验设计参数（李琳，2016）

实验因素 每亩施肥量 （kg）	螯合钙	EDDHA-Fe	奇效绿神阳性对照	空白对照	重复	小区总数	小区面积	试验地面积
L1	0.00	0.00	25g 对水 15～25kg	Ca_1 Fe_1	3	30	4m×5m	0.9 亩
L2	0.50	0.20						
L3	1.00	0.40						
处理代号	Ca	Fe	阳性对照					

注：1 亩地中各元素所需量

有关喷施不同叶面肥对黄芩生长性状以及药材产量的影响结果总结如表 2-13。

表 2-13 不同喷肥配比黄芩药材的生长指标（李琳，2016）

喷肥配比 Ca：Fe	株高 （cm）	地径 （mm）	一级分支数 （个）	根长 （cm）	芦头直径 （mm）	距芦头十厘米处直径 （mm）	总侧根数 （个）	产量 （kg/亩）
1：1	72.07±12.16	5.21±1.94	3.47±1.04	18.83±4.42	16.92±4.90	10.60±3.55	3.10±1.99	218.8±128.65
1：2	76.03±14.95	5.87±1.77	3.33±1.24	19.60±3.84	16.12±4.21	10.55±3.29	3.63±1.85	202.3±112.10
1：3	77.93±11.15	5.81±2.16	2.90±1.01	19.57±3.37	16.00±4.05	10.14±2.92	2.83±1.39	183.1±72.76
2：1	75.50±7.51	5.77±1.68	2.70±1.24	20.30±3.43	15.90±5.45	10.25±4.11	3.00±2.17	204.7±145.42
2：2	71.30±10.15	5.13±1.47	2.97±1.03	20.69±3.68	16.56±3.65	10.05±2.15	2.70±1.828	177.0±66.47
2：3	78.47±8.57	5.31±1.75	3.27±1.14	18.55±4.06	14.72±3.61	9.33±3.05	2.70±1.91	150.6±88.03
3：1	69.23±8.87	5.07±1.67	3.00±0.98	21.09±5.79	14.97±3.13	8.92±2.12	2.77±1.77	143.0±69.97

（续表）

喷肥配比 Ca : Fe	株高（cm）	地径（mm）	一级分支数（个）	根长（cm）	芦头直径（mm）	距芦头十厘米处直径（mm）	总侧根数（个）	产量（kg/亩）
3 : 2	75.33 ± 7.95	5.03 ± 1.40	3.10 ± 1.12	21.27 ± 7.49	15.38 ± 5.12	9.16 ± 3.00	3.07 ± 1.93	189.3 ± 102.87
3 : 3	74.97 ± 9.85	5.41 ± 1.97	3.40 ± 1.22	21.86 ± 4.91	15.33 ± 4.67	9.73 ± 3.43	2.87 ± 1.83	175.6 ± 127.33
阳性对照	78.73 ± 10.03	5.90 ± 1.78	4.13 ± 1.22	20.00 ± 3.81	16.57 ± 4.99	10.88 ± 3.82	3.53 ± 1.74	207.4 ± 92.56
F 值	2.855**	1.178	3.757**	1.594	0.814	1.220	0.950	1.677

分析结果表明，不同配比水平的 Ca、Fe 喷肥处理对黄芩药材的生长未存在明显地促进作用，甚至部分出现抑制黄芩药材的生长，导致药材产量明显下降。在较少提高产量的肥料配比中，Ca 和 Fe 的配比水平均为 1 时，对黄芩药材的产量有一定程度的提高，但仍存在黄芩地上部分植株比较矮小，黄芩药材不够粗壮等问题。

表 2－14　不同喷肥配比下黄芩药材的产量（李琳，2016）

水平	Ca	Fe
0	248.74 ± 111.00	248.74 ± 111.00
1	241.81 ± 128.58	226.52 ± 146.78
2	212.87 ± 127.81	227.39 ± 114.38
3	203.15 ± 124.17	203.49 ± 118.64
F 值	2.032	1.185
R（极差）	45.59	45.25

对不同喷肥配比下黄芩药材产量进行分析（表 2－14），结果表明，Ca 和 Fe 的极差值分别是 45.59 和 45.25，可知 Ca 的影响要更为显著一些。当 Ca、Fe 配比均为 1 时，黄芩药材的产量达到最高值。从黄芩药材产量单一方面考量，可推断 Ca1Fe1 为黄芩药材叶面最佳

喷肥配比。

表 2－15　不同喷肥配比黄芩药材活性成分的含量差异（李琳，2016）

追肥配比（Ca：Fe）	总黄酮（%）	黄芩苷（%）	汉黄芩苷（%）	黄芩素（%）	汉黄芩素（%）	千层纸素 A（%）
1：1	20.32 ± 4.21	6.99 ± 1.43	1.98 ± 0.40	1.41 ± 0.36	0.32 ± 0.05	0.06 ± 0.01
1：2	18.04 ± 1.57	7.00 ± 1.19	2.15 ± 0.31	1.32 ± 0.78	0.28 ± 0.12	0.05 ± 0.02
1：3	17.13 ± 2.31	7.03 ± 1.89	1.98 ± 0.44	1.35 ± 0.14	0.30 ± 0.03	0.05 ± 0.01
2：1	17.63 ± 0.83	6.37 ± 0.77	1.94 ± 0.38	1.86 ± 0.72	0.35 ± 0.09	0.06 ± 0.02
2：2	17.98 ± 2.12	8.30 ± 1.47	2.25 ± 0.35	2.35 ± 0.57	0.44 ± 0.10	0.08 ± 0.03
2：3	18.67 ± 1.62	6.05 ± 1.38	1.89 ± 0.42	1.59 ± 0.54	0.35 ± 0.10	0.06 ± 0.02
3：1	15.75 ± 0.84	6.97 ± 1.18	1.98 ± 0.36	1.61 ± 0.38	0.33 ± 0.09	0.06 ± 0.01
3：2	20.30 ± 2.08	6.56 ± 2.91	1.82 ± 0.61	1.36 ± 0.39	0.28 ± 0.05	0.05 ± 0.01
3：3	20.09 ± 2.65	7.91 ± 1.84	2.02 ± 0.59	1.79 ± 0.74	0.35 ± 0.11	0.07 ± 0.03
阳性对照	19.40 ± 0.68	8.58	2.12	0.97	0.23	0.04
极小值	14.47	3.21	1.13	0.79	0.21	0.03
极大值	24.33	10.03	2.67	2.87	0.51	0.11
极差	9.86	6.82	1.54	2.08	0.3	0.08
F 值	1.498	0.575	0.238	1.143	1.021	1.045

表 2－16　不同喷肥配比下黄芩药材的总黄酮含量（李琳，2016）

水平	Ca	Fe
1	18.50 ±1.64	17.90 ±2.30
2	18.09 ±0.53	18.77 ±1.32
3	18.71 ±2.57	18.63 ±1.48

（续表）

水平	Ca	Fe
F 值	0.09	0.21
极大值	20.32	20.32
极小值	15.75	15.75
R（极差）	4.57	4.57

表 2－17　不同喷肥配比下黄芩药材的黄芩苷含量（李琳，2016）

水平	Ca	Fe
1	7.01 ±0.02	6.77 ±0.35
2	6.91 ±1.22	7.29 ±0.90
3	7.15 ±0.69	7.00 ±0.93
F 值	0.07	0.33
极大值	8.30	8.30
极小值	6.05	6.05
R（极差）	2.25	2.25

研究发现，不同的喷肥配比处理下，黄芩药材中的药用成分的含量具有明显差异（表 2－15，表 2－16，表 2－17）。当肥料中的 Ca、Fe 配比水平为 1 时，黄芩药材中的总黄酮含量达到最高，提高肥料中 Ca、Fe 的浓度后，肥料配比水平为 3 时，黄芩药材中总黄酮的含量反而降低。但当肥料中 Ca、Fe 的配比水平为为 3∶2 时，含量增长较为平稳。研究发现黄芩药材中黄芩苷含量在施予喷肥后，基本呈负相关；而黄芩药材中黄芩素的含量变化波动较大，当配比水平均为 2 时含量达到最大值。以上结果表明适当的叶面喷肥处理，对于黄芩药材中汉黄芩苷、汉黄芩素和千层纸素 A 的合成并无明显促进或抑制作用。

表 2－18 不同喷肥配比黄芩茶活性成分的含量差异（李琳，2016）

追肥配比（Ca：Fe）	总黄酮（%）	野黄芩苷（%）	黄芩苷（%）	木犀草素（%）	芹菜素（%）
1：1	5.48 ±3.03	1.18 ±0.52	0.16 ±0.07	0.02 ±0.02	0.03 ±0.03
1：2	3.70 ±2.40	1.51 ±0.66	0.22 ±0.15	0.04 ±0.02	0.03 ±0.01
1：3	8.24 ±3.84	1.64 ±0.73	0.61 ±0.59	0.05 ±0.02	0.04 ±0.05
2：1	3.46 ±0.75	1.33 ±0.54	0.18 ±0.11	0.03 ±0.01	0.02 ±0.01
2：2	4.60 ±1.29	0.86 ±0.33	0.10 ±0.01	0.06 ±0.08	0.03 ±0.01
2：3	2.40 ±0.37	0.92 ±0.94	0.13 ±0.16	0.02 ±0.02	0.00 ±0.01
3：1	4.70 ±2.57	1.58 ±1.46	0.09 ±0.05	0.08 ±0.13	0.01 ±0.01
3：2	5.89 ±1.75	1.82 ±0.62	0.47 ±0.48	0.03 ±0.02	0.01 ±0.00
3：3	3.13 ±1.03	1.01 ±0.57	0.14 ±0.08	0.03 ±0.01	0.01 ±0.00
阳性对照	2.60 ±0.38	1.09 ±0.24	0.13 ±0.04	0.03 ±0.02	0.00 ±0.01
极小值	1.73	0.21	0.03	0.00	0.00
极大值	10.96	3.26	1.29	0.23	0.10
极差	9.23	3.05	1.26	0.23	0.10
F 值	1.979	0.496	1.153	0.477	1.267

表 2－19 不同喷肥配比下黄芩叶的总黄酮含量（李琳，2016）

水平	Ca	Fe
1	18.50 ±1.64	17.90 ±2.30
2	18.09 ±0.53	18.77 ±1.32
3	18.71 ±2.57	18.63 ±1.48
F 值	0.09	0.21
极大值	20.32	20.32
极小值	15.75	15.75
R（极差）	4.57	4.57

表 2－20 不同喷肥配比下黄芩叶的野黄芩苷含量（李琳，2016）

水平	Ca	Fe
1	1.56 ±0.41	1.23 ±0.32
2	1.00 ±0.12	1.49 ±0.34
3	1.49 ±0.39	1.32 ±0.58
F 值	2.51	0.27
极大值	1.99	1.99
极小值	0.92	0.92
R（极差）	1.07	1.07

结果表明，不同肥料配比的叶面喷肥对黄芩叶中所含的各种有效活性成分的合成存在不同程度的促进作用。当肥料中的 Ca、Fe 配比水平为 1：3 时，黄芩茶中总黄酮的含量达到最大值。野黄芩苷的含量最大值出现在肥料中 Ca、Fe 的配比水平为 3：2 时，而黄芩苷含量最大值则出现在 Ca、Fe 的配比水平为 1：3 时。当 Ca、Fe 配比水平为 3：1 时，黄芩叶中的木犀草素的含量与阳性对照相比，合成的量明显增高。当肥料中 Ca、Fe 元素的配比水平为 1：3 时，对黄芩叶中芹菜素的合成有十分显著的促进作用。

总体而言，叶面喷肥对于黄芩药材的产量并无十分明显的提高，但对其中所含有的药用活性成分的合成来说，还是具有一定的促进作用，在肥料中 Ca、Fe 的配比水平为 2：2 时，药材中的各种有效活性成分均有一定程度的提高。相比之下，叶面喷肥的处理对于黄芩叶中的有效活性成分的含量具有显著的影响，当肥料中的 Ca、Fe 元素的配比水平为 3：2 时，黄芩叶中多数的活性成分含量均可达到最大值。综合以上各种因素，在肥料中 Ca、Fe 的配比水平为 3：1（1kg/亩、0kg/亩）时，黄芩药材和黄芩茶中有效活性成分的含量均可达到较高值，可作为最佳的药茶两用优质黄芩的微肥配方。

（四）灌溉排水

黄芩一般不需浇水，但如遇持续干旱时要适当浇水。黄芩怕涝，雨季要及时排除田间积水，以免烂根死苗，降低产量和品质。

要注意实施节水灌溉。张耀奎等（2014）在宁夏中部干旱地区对于移栽黄芩进行了膜下滴灌适宜补灌量研究。补灌量在 $450m^3/hm^2$ 范围内，能充分发挥水分对产量的提升潜力，增加经济效益。

各地可结合当地条件，推行适应当地的节水灌溉技术。

（五）摘除花蕾

黄芩播种第一年生殖生长不旺盛，产生的种子量很少，可以不进行摘除花蕾。但在播种第二年抽出花序前，可将花梗剪掉，以减少养分消耗，促使根系生长，提高产量。

宋琦等（2015）研究了乙烯利对栽培黄芩光合作用和药材质量的影响。用光合系统测定仪测定黄芩叶片光合速率各项指标的变化；通过 HPLC 法测定黄芩药材有效成分含量。结果是乙烯利去花组与人工摘花光合速率、净光合速率没有显著差异，但黄芩苷含量降低，活性最高的成分黄芩素含量升高。结论为乙烯利可用于黄芩去花，提高产量。

（六）防治病虫害

（1）常见病害　综合各地实际，黄芩主要病害有白粉病、灰霉病、叶枯病、根腐病、褐斑病、黑斑病、圆斑病、灰霉病、菟丝子病等。

（2）常见害虫　主要有黄芩舞蛾、蚜虫、蛴螬、蝼蛄、地老虎、金针虫、造桥虫、苹斑芫菁、黄翅菜叶蜂、苜蓿夜蛾、斑须蝽等。

（3）防治措施　举例介绍以下几种病虫害防治措施。

◎叶枯病防治：秋后清理田园，除尽带病的枯枝落叶，消灭越冬菌源。

发病初期喷洒 1：120 波尔多液，或用 50% 多菌灵 1 000倍液喷雾防治，每隔 7～10d 喷药 1 次，连用 2～3 次。

◎根腐病防治：雨季注意排水、除草、中耕，加强苗间通风透光并实行轮作。

冬季处理病株，消灭越冬病菌。

发病初期用 50% 多菌灵可湿性粉剂 1 000倍液喷雾，每 7～10d 喷药 1 次，连用 2～3 次；或用 50% 托布津 1 000倍液浇灌病株。

◎黄芩舞蛾防治：清园、处理枯枝落叶及残株。

发病期可配合化学防治。

◎菟丝子病防治：播前净选种子。发现菟丝子随时拔除。

喷洒生物农药“鲁保 1 号”等灭杀。

四、应对环境胁迫

（一）水分胁迫

黄芩生长发育过程中，在天然降水稀少的月份或季节，会发生不同程度的水分胁迫，需要对栽培黄芩进行补充灌溉。

秦双双等（2010）研究了水分胁迫对黄芩内源激素与有效成分相关性的影响。发现水分胁迫处理 70d，黄芩素含量显著高于对照。

张永刚等（2013）通过试验，探讨短期干旱复水对不同施水黄芩药材质量的影响。结果表明，短期干旱胁迫后恢复灌水，能在一定程度上改变代谢产物的合成。黄芩素以黄芩苷的形式存在，在一定条件下可以相互转化。水分条件中等地区，雨后或灌水后干旱 3～5d 采收较好。水分不足地区的采收时间在雨后或灌水后干旱 1～3d 进行，更有利于提高药效成分含量。

张永刚等（2013）还研究了黄芩对干旱复水的生理生态响应。复水后干旱胁迫解除，活性氧清除系统表现为防御和恢复机制。适当的干旱以及干旱后复水有利于黄芩中黄芩苷的积累。干旱胁迫过强，则黄芩苷大量水解为黄芩素，参与到抗氧化中，不利于黄芩苷积累。

在水分较充分地区应避免施水后采收。

（二）其他胁迫

（1）土壤紧实胁迫　土壤紧实胁迫对黄芩生长、产量和品质均有影响。据张向东等（2014）研究，土壤容重增大时，黄芩株高、茎粗、根系芦头、根长、地上部质量、根系质量均呈递减趋势。土壤容重为1.35～1.50g/cm^{3}时，黄芩根系活力下降，叶片可溶性蛋白质与叶绿素含量降低，丙二醛（MDA）含量升高，超氧化物歧化酶（SOD）、过氧化物酶（POD）、过氧化氢酶（CAT）活性增强。试验条件下，土壤容重1.20g/cm^{3}时，黄芩生长发育良好，生物产量、有效成分含量最高。

疏松土壤是应对土壤紧实胁迫的有限措施。

（2）盐碱胁迫　黄芩较耐盐碱。但也有一定限度。

郭菊梅等（2014）研究了NaCl浓度对黄芩幼苗生长和生理指标的影响。目的是探讨NaCl浓度对黄芩幼苗生长情况及生理指标的影响，为黄芩药材的大田生长提供依据。采用盆栽方式，待黄芩幼苗长至8～11cm时，用1/2 Hoagland营养液兑加不同剂量的NaCl，模拟盐胁迫环境，培养3d后统计幼苗成活率，并采用紫外－可见分光光度法测定叶绿素和类胡萝卜素的含量，用硫代巴比妥酸法测定丙二醛的含量，用电导法测定膜透性。研究表明，随着NaCl浓度的升高，MDA含量和细胞膜透性逐渐增加，可能是盐胁迫产生的生物自由基诱发了膜脂过氧化作用，使MDA积累，膜系统功能受到一定程度的破坏，这与相关研究结果相符；幼苗成活率和光合色素的含量呈现出先升高后降低的趋势，且在NaCl浓度为0.4%时，达到峰值，这表明低盐浓度（0.1%～0.4%）对黄芩幼苗的影响较小，而在高盐浓度（0.5%～0.7%）下，黄芩幼苗生长受到严重抑制。结果说明黄芩幼苗能在一定浓度（≤0.4%）的盐环境下正常生长，但当外界盐浓度超过其最高耐盐浓度时生长会受到抑制。总之，盐胁迫可抑制黄芩幼苗生长，盐浓度越高抑制作用越显著；黄芩幼苗的临界耐盐浓度为0.4%，这可为在北方盐碱地地区黄芩的规模化、规范化生产提供理论参考，为改良盐碱地和防治土壤盐渍化提供依据。

汪绪文等（2015）研究了盐胁迫下黄芩种子萌发及幼苗对外源抗坏血酸的生理响应。

试验表明，用0.50mmol/L抗坏血酸（AsA）处理可显著提高盐胁迫下黄芩种子的发芽势（GE）、发芽率（GR）、发芽指数（GI）、简化活力指数（SVI）以及根系总黄酮、可溶性糖和脯氨酸含量，也可显著提高幼苗根系活力和超氧化物歧化酶（SOD）活性，显著降低丙二醛（MDA）含量。适宜浓度的抗坏血酸能提高黄芩种子发芽能力和幼苗对盐胁迫的适应能力，起到缓解盐胁迫对种子萌发及幼苗生长的抑制作用。

五、采收

留种田在开花前，追施过磷酸钙50kg/亩、氯化钾16kg/亩，促进开花旺盛和籽粒饱满。花期注意浇水，防止干旱。

黄芩花果期较长，7—9月共3个月，且成熟不一致，极易脱落。当大部分蒴果由绿变黄时，边成熟边采收，也可连果剪下，晒干打出种子，除去杂质，置干燥阴凉处保存。黄芩种子收获后有6个月的成熟期，种子保质期在一般情况下只有12个月，所以播种必须使用新种，发芽率应达到80%以上，方能保证田间出苗。若新种子存放时间稍长，种子颜色会变淡，贮存时间较短。新种子的颜色为深黑色，籽粒饱满，大小均匀，色泽鲜明。

李帅等（2011）研究了黄芩种子成熟过程和最佳采收期。认为黄芩开花数达到最大值后24～30d可采收种子。

六、根的采挖与初加工

黄芩主要以根入药。应掌握适宜的采挖时期。一般是在春、秋两季采挖。

苏桂云等（2012）根据北京从事药材生产的经验，认为春季采挖较好，野生黄芩优于栽培黄芩。

安瑜等（2013）报道了宁夏回族自治区六盘山地区栽培黄芩的适宜采收期。7—9 月醇溶性浸出物含量增长较快，10 月最高。黄芩苷含量以 10 月最高。栽培黄芩的适宜采收期为第三年的 10 月。

赵莉荭等（2014）根据甘肃省定西市的经验，认为 10 月下旬至 11 月上旬采挖，到土壤解冻前全部挖完。

（一）采挖

黄芩种植 2 ~ 3 年后收获。经研究测定，最佳采收期应是 3 年生。秋季地上部分枯萎之后，此时商品根产量及主要有效成分的含量均较高。在秋后茎叶枯黄时，选晴天采挖，生产上多采用机械起收，也可人工起收。因黄芩主根深长，挖时要深挖起净，挖全根，避免伤根和断根，去净残茎和泥土。

（二）初加工

去除杂质和芦头，晒到半干时，撞掉老皮，使根呈现棕黄色，然后，继续晾晒，直到全干。在晾晒过程中，不可暴晒，否则根系发红。同时防止雨淋和水洗，不然根条会发绿变黑，影响质量。加工场地环境和工具应符合卫生要求，晒场预先清洗干净，远离公路，防止粉尘污染，同时要备有防雨、防家禽设备。

（三）药材特征

根据《中华人民共和国药典》2010 年版，入药的根呈圆锥形，扭曲，长 8 ~ 25cm，直径 1 ~ 3cm。表面棕黄色或深黄色，有稀疏的疣状细根痕，上部较粗糙，有扭曲的纵皱纹或不规则的网纹，下部有顺纹和细皱纹。质硬而脆，易折断，断面黄色，中心红棕色；老根中心呈枯朽状或中空，暗棕色或棕黑色。气微，味苦。

栽培的根较细长，多有分枝。表面浅黄棕色，外皮紧贴，纵皱纹较细腻。断面黄色或浅黄色，略呈角质样。味微苦。

（四）商品规格

据丁自勉等（2008）介绍，分为条芩一级、条芩二级、枯碎芩。

（1）条芩一级　圆锥形，上部较粗糙，有明显的网纹及扭曲的纵皱。下部皮细有顺纹或皱纹，表面黄色或黄棕色，质地坚、脆、断面深黄色，上部中央间有黄沙色或棕褐色的枯心。气微，味苦。条长10cm以上，中部直径1cm以上。去净粗皮无杂质、虫蛀和霉变，干燥。

（2）条芩二级　条长4cm以上，中部直径1cm以下，半不小于0.4cm。其他性状同条芩一级。

（3）枯碎芩　统货，即老根多中空的枯芩和块片碎芩及破碎尾芩。表面黄色或浅黄色。质坚、脆，断面黄色，气微，味苦。无粗皮、碎渣、杂质、虫蛀和霉变，干燥。

杨冬野等（2005）把不同生长年限的野生黄芩与栽培黄芩做了药材鉴定。栽培黄芩可以入药。还看到黄芩根中有年轮结构。

付桂芳等（2008）把野生黄芩与栽培黄芩药材性状做了显微组织差异比较研究，看到野生黄芩与栽培黄芩在药材性状和显微组织上存在差异。

刘红宇等（2010）把不同产地野生黄芩药材与栽培药材做了质量比较，结论是黄芩栽培药材可以替代野生药材。

第二节　特殊栽培

一、覆盖栽培与垄作栽培

地膜覆盖广泛地用于栽培植物的人工种植中，具有保温、增温、保墒等作用。也可用于黄芩的人工种植。各地根据当地实际，有不同的规格和模式。

垄作栽培也可用于黄芩人工种植中。

把地膜覆盖与垄作栽培结合运用，近年来也不乏成功的报道。

魏莹莹等（2015）研究了地膜覆盖垄式栽培对黄芩品质和土壤环境的影响。为山东黄芩的规范化栽培和质量提高提供理论依据。对其他产地也有借鉴作用。

试验设置2个处理：处理1为地膜覆盖垄式栽培，垄宽为80cm，高30cm，垄间沟宽20cm。种植时每个垄上种植黄芩2行，行间距25～30cm，株距15～20cm，定植后浇水，覆土1～2cm，用黑色聚乙烯农用薄膜覆盖，待出苗后将苗上部薄膜剪口，以方便幼苗生长。处理2为露地垄式栽培，栽培方式如处理1，但定植后不覆盖薄膜。每个处理3个重复，每个重复种植3垄，面积为30m^2，处理之间设保护行，随机分布。黄芩种植时间为2013年4月10日。试验土取样时间是2013年7—11月共采样5次，每个处理随机取6个点，用分层取土器分别取根生长区域0～10cm和10～20cm耕层土样，去除植物残根等废弃物后，装入无菌保鲜袋，待测。黄芩取样采用框图法。2013年对黄芩的生物学特性进行田间统计，利用土壤参数快速测定仪测定土壤理化性质，HPLC测定黄芩中黄芩苷的含量。

试验结果表明，覆盖地膜能使黄芩在整个生育期内对铵态N的吸收比露地栽培增加26.84%（0～10cm）和9.00%（10～20cm）；有机质分别增加了14.0%（0～10cm）和6.7%（10～20cm）。覆膜处理提高了土壤对速效K和速效P的供肥能力，覆膜处理0～10cm和10～20cm土层中速效K的含量分别比露地处理增加了68.94%和13.60%；速效P分别增加了40.92%和28.68%。

覆盖地膜也能提高黄芩中黄芩苷的含量，较露地栽培提高了17.80%。覆膜栽培技术能够促进黄芩对铵态N的吸收，增加土壤有机质含量，提高黄芩的产量和有效成分含量，并具有较好的保温保肥作用，对指导传统种植区域的生产具有重要意义。

邹廷伟等（2016）试验研究了“垄式+覆盖+覆膜”栽培模式对黄芩生物量和有效物质积累的影响，为优选黄芩生产适宜栽培模式提供基础数据。

试验随机设置4个小区，每小区面积10m×10m。2014年3月中旬，随机选择健壮均匀的黄芩幼苗移栽于小区内。T1采用传统平作模式，行株距30cm×20cm。T2采用垄式栽培，行株距30cm×20cm，垄高20cm，垄宽60cm。T3采用“垄式+覆膜”栽培模式，移栽后垄上覆盖一层无纺布，用土压住无纺布的两侧，同时根据幼苗的生长位置在无纺布上打穴，以便幼苗生长。T4采取“垄式+覆盖+覆膜”栽培模式。幼苗定植后浇水，统一常规管理。采收后测量黄芩苗高、根长、植株鲜重、地下部分鲜重、地下部分干重等生物量指标。

测定有效物质含量。结果是与T1相比，T2、T3和T4生物量指标均有不同程度增加，T4苗高、地径、地下鲜重和地下干重分别较对照增加31.8%、27.5%、32.6%和33.9%。T3根长、地径分别高出33.8%和27.5%。T2、T3、T4黄芩有效物质含量均有一定提高，T3野黄芩苷、黄芩苷和汉黄芩苷高出T1 12.8%、11.9%和10.7%，T4中野黄芩苷、黄芩苷、汉黄芩苷、黄芩素和汉黄芩素分别高出T1 23.4%、22.5%、25.2%、22.4%和50.4%。

从生物量和有效物质积累来看，“垄式”优于传统平作模式，覆盖无纺布和黄芩地上粉碎物的促进效果更为显著。

本研究将垄式和覆膜结合起来，选用易降解的无纺布作为覆膜材料，同时将黄芩地上枯萎枝叶粉碎，作为覆盖物置于无纺布下，起到“双倍”保温效果，构成“垄式+覆盖+覆膜”三重保墒模式。

二、间作

（一）异株克生

（1）异株克生现象　在间作系统中，多种植物或作物共栖一田，必须注意“异株克生”现象。

异株克生（Allelopathy）一词源于两个希腊词Allelon和Pathos，意味着“相互”和“受损害”。

据曹广才（1997）介绍，所谓异株克生是指生物自身产生并释放到周围环境中的化学物质对另一些生物（异种或同种）产生毒害作用的现象。异株克生也称“化感作用”。20 世纪 40 年代以来即有关于异株克生现象的报道。禾谷类作物如小麦、玉米、水稻、黑麦、大麦、高粱、珍珠粟等残留物的异株克生影响自 60 年代至 90 年代均有研究。豆科作物、向日葵、十字花科蔬菜对其他作物发芽、生长和产量表现的异株克生影响，也有研究报道。

间作系统中，如果搭配不当，一种作物就能对其他作物起到抑制作用。

例如，在荞麦 × 芥菜混作中，荞麦的根分泌物可抑制芥菜植株的生长（Tsuzuki，1980）。

在燕麦 × 紫花苜蓿混作中，有的苜蓿品种降低了燕麦的籽粒产量（Nielsen 等，1981）。

在玉米//水甜瓜间作中，玉米花粉降低了水甜瓜幼苗的呼吸和生长率（Cruz 等，1988）。

一些古农书中也提到一些现象。如《王祯农书》中说“慎勿于大豆地中杂种麻子”。

据贺观钦（1992）归纳，春小麦对大麻、亚麻，鹰嘴豆对马铃薯、蓖麻、菜豆、向日葵、玉米、芝麻，大麻对红麻、蓖麻，荞麦对玉米，大麦对菜豆、鹰嘴豆、苜蓿，冬黑麦对冬小麦，向日葵对玉米、菜豆、鹰嘴豆有异株克生抑制作用。

（2）黄芩的异株克生效应　在黄芩间作系统中，也要注意异株克生现象，并且利用其化感促进作用，以利于物种的合理搭配。

常瑾等（2007）发现厚朴树的落叶中提取的总酚化合物，对镰孢霉等 10 种真菌有很强的抑制作用，可用于化学防治。

潘丹等（2010）研究了核桃醌对黄芩种子萌发和幼苗生长的影响。通过室内盆栽试验的方法研究了核桃主要化感物质核桃醌溶液对黄芩种子萌发及幼苗生长的影响。试验结果表明，核桃醌对黄芩种子的萌发主要表现出抑制作用，随着浓度的升高，抑制作用逐渐增强；

对幼苗生长的影响则受到核桃醌浓度和黄芩幼苗密度双因素的影响，在高浓度或高密度下表现出较强的抑制作用，在低浓度高密度下则表现出一定程度的促进作用，但此促进作用主要针对地上部分生物量，对具有较高药用价值的根部则表现出强烈的抑制作用。因此认为核桃和黄芩并不适宜采用林药复合种植模式。

彭晓邦等（2011）对于核桃叶水浸液对不同产地黄芩的化感作用做了研究报道。以不同产地的黄芩种子为材料，研究了不同浓度（0，0.005，0.01，0.02，0.03 和 0.04g/mL）核桃（*Juglans regia* L.）叶水浸液对黄芩种子萌发和幼苗生长的影。结果表明：低浓度（0.005，0.01，0.02g/mL）的核桃叶浸提液对不同产地黄芩种子的萌发有明显的化感促进作用；随着水浸液浓度的升高，其对受体的促进作用逐渐减弱、消失，甚至表现为抑制作用。在试验浓度范围内，核桃叶水浸液对黄芩种子的幼苗根长、苗高、相对电导率、可溶性糖含量及可溶性蛋白含量均表现为促进作用，最佳作用浓度为 0.02g/mL。核桃叶水浸液可以在某种程度上促进黄芩种子的萌发和幼苗的生长。

彭晓邦等（2011）就核桃叶水浸液对商洛黄芩种子萌发和幼苗酶活性的影响也做了研究报道。以商洛黄芩种子为材料，研究不同浓度核桃叶水浸液对黄芩种子萌发和幼苗酶活性的影响。采用生物测定法观测黄芩种子萌发和幼苗酶活性状况。低浓度的核桃叶浸提液对商洛黄芩种子的萌发和幼苗酶活性如超氧化物歧化酶（SOD）、过氧化物酶（POD）和过氢化氢酶（CAT）有明显的化感促进作用；随着水浸液浓度的提升，其对受体的促进作用逐渐减弱、消失，表现为抑制作用。结论是核桃叶水浸液可以在某种程度上促进黄芩种子的萌发和幼苗的生长，这将为合理利用核桃的化感作用进行间作套种提供理论指导。

周洁等（2012）研究了丹参和白花丹参对黄芩的化感作用。采用室内生物测定法研究不同浓度（0、0.1、0.5、1.0、5.0g/L）的一年生、二年生丹参和白花丹参根及根茎水浸液对黄芩种子萌发和幼苗生长的化感效应。结果表明，丹参和白花丹参根及根茎水浸液对黄芩种子萌发率、发芽指数和活力指数表现出相似的影响趋势，即低浓度时促进种子萌发，随浓度增加化感抑制作用增强，浓度为 5g/L 时抑制作用强烈。白花丹参根及根茎水浸液对黄芩种子萌发率的化感指数绝对值小于丹参。丹参和白花丹参根及根茎水浸液对黄芩幼苗苗高和根长表现出相似的影响趋势，高浓度时对幼苗鲜重的抑制作用较为强烈。白花丹参根及根茎水浸液对黄芩幼苗苗高和鲜重的化感指数绝对值小于丹参。丹参和白花丹参对黄芩种子萌发和幼苗生长均表现出低促高抑的双重效应，且白花丹参对黄芩的化感潜力小于丹参。该研究比较了丹参和白花丹参对黄芩的化感效应，可为优化复合种植模式提供参考。

（二）黄芩间作

（1）粮药间作　研究与时间表明，黄芩与玉米间作是一种较好的种植方式。

为了缓解药粮争地的矛盾和种植方式上的生态互补效应，利用间套作的方式，安排黄芩与玉米共栖一田，一些地方总结出了比较成熟的做法和经验。

例如，孙连波等（2001）曾总结出，黄芩与玉米间作，即采用玉米大垄双行，畦面播种黄芩，高矮搭配显示互补效应。7 月末至 8 月上旬播种黄芩，作为高位间作的玉米起到了遮荫挡阳的作用，同时由于此时湿度大、温度高有利于黄芩的出苗，一般一周左右可出苗。

原两垄玉米为一畦，畦面宽 1. 2m，畦面两侧 10cm 播种紧凑型玉米，株距 25cm。玉米播后不采用药剂封闭除草，避免对黄芩的药害。人工除草或播种黄芩前一周，用克无踪定向喷雾消灭杂草后整地。7 月末至 8 月上旬播种黄芩，可采用条播，按行距 20cm，开 2cm 深的浅沟，将种子均匀撒入沟内，覆土后稍加镇压，苗高 10cm 时按株距 6cm 定苗。9 月 20 日前后及时收获玉米，为黄芩提供秋季生长空间。翌年不种玉米，使黄芩自由茁壮生长。

李小玲等（2010）探讨了玉米根系水浸液对黄芩种子萌发的影响。为了探讨玉米根系水浸液对黄芩的化感作用，建立高效的粮药间作套种模式，提高黄芩的产量，采用生物测定法研究了玉米根系水浸液（浓度分别为0.05、0.1、0.15、0.2g/mL 4个梯度）对商洛黄芩、蓝田黄芩、甘肃黄芩、山东黄芩种子萌发的影响，结果表明，在0.05g/mL的水浸液浓度下，除山东黄芩有抑制作用外，其余品种均有明显的促进作用，且化感效应的强弱依次为：蓝田黄芩 > 甘肃黄芩 > 商洛黄芩；随着浓度的升高，表现为化感抑制作用，且浓度越高抑制作用越强。

陕西省合阳县王渭宏等（2011）报道，春玉米套种黄芩的高效栽培模式中，保证了黄芩一播全苗，单产提高30%左右，亩效益3 000元以上，春玉米亩产500kg以上。他们总结的主要技术措施是深耕施肥，精选良种，4月下旬至5月上旬播种春玉米，7月上中旬套种黄芩，加强管理等。黄芩可生长两年，秋后至封冻前采挖。

山西省平遥县，陕西省大荔县都曾有玉米套种黄芩的成功经验。

（2）林药间作　一般是在经济林下间作黄芩。

宜选择排水良好、光照充足、土层深厚、富含腐殖质的淡栗钙土或沙质壤土地块，也可在幼龄果树行间以及退耕还林地的树间种植，但不适宜在枝叶茂密光照不足的林间栽培。

在种植前施足基肥，每亩施优质腐熟的农家肥2 000kg，之后深耕土地25～30cm，耙细耙平，做成平畦备播，一般畦宽1.2m。

史艳财等（2012）介绍了中药材间作模式，有中药材与幼龄林木间作，中药材与成龄林木间作，中药材与老龄林木间作。同时，还要根据林木地理位置间作，根据林木或果园所处地理位置的气候、土壤等条件综合考虑，选择最适宜的种植模式。根据林木类型或物候期间作，根据树冠及树叶情况间作。

郭文丞等（2013）介绍了山地核桃间作黄芩高效栽培技术。

核桃苗木栽植既可春栽亦可秋栽，春栽在土壤解冻后到发芽前进行，秋栽在落叶后到封冻前。北方地区冬季气温低，易发生冻害，以

春栽为好。

栽植时要选用苗木主根及侧根完整，无病虫害，枝条发育充实，抗逆性强，最好为2~3年生壮苗，苗高1m以上，干径不小于1cm，须根较多的优质苗木，以保证成活和健壮生长。定植前，应将苗木的伤根及烂根剪除，然后放在水中浸泡半天，或用泥浆蘸根，使根系吸足水分，以利成活。栽植时要做到苗正、舒展根系，分层填土踏实，使根系分布均匀，培土到与地面相平，全面踏实后，整出树盘，充分灌水，待水渗后用细土封盖，高出地平面约20cm。苗木栽植深度可略超过苗木原栽植深度，但嫁接口必须露在外面，栽后7d再灌水1次。山地核桃栽植要通过大坑深栽增强保水抗旱能力。结合黄芩采收深翻熟化土壤，改良土壤结构，同时结合施基肥或压绿肥。基肥以有机肥为主，可加入少量速效化肥。追肥可在发芽前、幼果迅速膨大期和果实硬核期施用。此外，还可结合叶面喷肥，时间在开花期、新梢迅速生长期、花芽分化期和果实发育期，叶面喷施0.3%~0.5%尿素，0.5%~1.0%过磷酸钙，0.2%~0.3%硫酸钾，花期喷施0.1%~0.2%硼砂可提高坐果率。根据土壤水分和树体发育情况，北方地区一年内需灌水3次，即“封冻水、促萌水、硬核水”。核桃一般雄花量大，大大超过授粉需要，因此，要在早春进行疏花，以减少养分的过度消耗，雄花疏除量要在90%以上。试验发现，雄花疏除量在80%~90%的树比疏花的坐果率提高30%以上。核桃为雌雄异熟风媒传粉特异树种，自然授粉坐果率较低，因此，在天气条件不利于传粉的年份需要进行人工辅助授粉，以提高核桃坐果率。还要进行优种嫁接。注意幼树修剪、结果树修剪和衰老树修剪。

核桃、黄芩间作模式是充分利用山地丘陵核桃园林间空隙地种植黄芩。要求待核桃苗木栽植成活后，再种植黄芩，避免影响核桃幼树生长。

黄芩种植时亩施土杂肥2 000~2 500kg，捣碎散于地内，深翻20~24cm，耙细整平。黄芩种植方式采用种子直播，春播的在“春分”至“清明”之间，夏播的在“夏至”到“立秋”之间。在整好的畦面上，开 1cm 深的播种沟，将种子拌细沙均匀地撒入沟内，覆土 0.5cm，搂平，稍加镇压，使种子与土壤密切结合。每亩用种量 1～1.5kg。保持畦面湿润，利于幼苗出土，播后 10d 左右可出苗。幼苗长到 4cm 高时浅锄 1 次，并间去过密的弱苗。苗高 8cm 时定苗，株距 8～10cm。定苗后有草就锄，旱时浇水，雨季注意防涝，地内不可积水。开花期每亩叶面喷施磷酸二氢钾 0.6kg，分 3 次喷施。黄芩开花后除留种子植株外，应该在晴天上午将花枝剪掉，以集中养分供给根部生长。

唐增光等（2013）介绍了高海拔温和干旱区绵椒林下黄芩的间作技术。试验点设在甘肃省东乡县河滩镇。黄芩苗高 10～15cm 时，间苗、定苗。开花期选晴天上午摘去花蕾。每年松土除草 3～4 次。严重干旱时及时浇水，雨季要注意排水。6 月中上旬追肥 1 次，主要用腐熟人畜粪、硫酸铵、草木灰等，于行间开沟追施，施后培土。黄芩病害主要有叶枯病、根腐病等，虫害主要是蚜虫。叶枯病在发病初期用 50% 多菌灵 100 倍液喷雾防治，隔 7～10d 再喷 1 次，连喷 2～3 次，及时清除田间病叶，并集中烧毁；根腐病在发病初期用 50% 甲基托布津等药液浇灌病株。蚜虫用 40% 乐果乳油 150～200 倍液喷杀。黄芩移栽后当年或翌年 9—10 月茎叶枯萎时，挖取全根，避免伤根断根，除去茎叶、须根及泥土，晒干即可。

李彬彬等（2014）介绍了经济林下如何间作黄芩。在辽西地区，经济林下间作黄芩等中草药，不但能收获药材及获得额外收益，而且因管理过程中的整地、浇水、施肥、松土、除草等作业，还能显著促进林木生长和果实产量的提高。间作黄芩的适宜树种有大扁杏、文冠果、花楸等。

刘乐乐等（2015）分析了间作黄芩的仁用杏园主要害虫发生动态特征。

试验于 2014 年在北京市延庆县辛庄堡进行。仁用杏园面积约 1hm^2，树龄 13～15，行间距 3m×4m。4 月下旬间作杏园行间人工播种黄芩，清耕杏园定期翻耕土壤除草。各杏园均于 5 月 20 日喷施

1 500倍的30%氰戊·马拉松（桃小灵）乳油。供试仁用杏品种为“龙王帽”。

在试验杏园内，采用五点对角线取样法，每次每园选取20株树，每株树分为东、西、南、北4个方向，先绕树1周目测约2~3min，观察并记录树冠上周围大型节肢动物种类和数量，然后在每个方向选取5个长30~50cm的1~2年生枝条，观察并记录其枝干和叶片上所有节肢动物的种类和数量。每月根据天气状况调查3~4次；对于当场不能鉴定的节肢动物，现场编号，标本带回实验室鉴定。

所调查的节肢动物隶属于2个纲、5个目，分别为昆虫纲的半翅目、同翅目、鞘翅目、鳞翅目，蛛形纲的蜱螨目。间作黄芩的仁用杏杏园，节肢动物隶属于5个目中的14个科、14个种，全年观察到的个体共4 019个；清耕杏园隶属于5个目中的13个科、14个种，共4 624个个体。间作黄芩杏园和清耕杏园主要害虫（螨）均为山楂叶螨、绿鳞象甲、小绿叶蝉、桃蚜、桃粉蚜。杏象甲仅在清耕杏园出现，角蝉仅在间作黄芩杏园出现。

结果表明：间作黄芩和清耕仁用杏园的害虫种类略有不同，但主要害虫（螨）的种类相同、年发生动态相近。与清耕相比，间作黄芩的杏园害虫发生数量少，山楂叶螨、小绿叶蝉、桃蚜、桃粉蚜的发生量分别是清耕杏园的0.83、0.73、0.21、0.55倍，而绿鳞象甲的发生量是清耕杏园的7.40倍。杏园间作黄芩，改变了主要害虫的组成和数量，有利于杏园生态环境和杏仁生产。

第三章　黄芩药用价值

第一节　黄芩的成分

一、黄芩的化学成分

黄芩的根是主要入药部位。关于黄芩根的成分，多年来已有众多的研究报道。

温华珍等（2004）归纳了黄芩的化学成分，主要分为6大类。

◎ 黄酮和黄酮醇类　黄芩苷、黄芩素、汉黄芩素是最主要成分。黄酮和黄酮醇类化合物有40多种，几乎所有成分在C5位上都有羟基取代。

◎ 二氢黄酮、二氢黄酮醇类

◎ 黄烷酮类（C5和C7都连有羟基）

◎ 查尔酮类

◎ 苯乙醇苷类

◎ 挥发油类

周锡钦等（2009）分析了黄芩的黄酮类成分含量。6个主要黄酮，黄芩苷（1）、千层纸素A苷（2）、汉黄芩苷（3）、黄芩素（4）、汉黄芩素（5）和千层纸素A（6），分别在选定范围内线性关系良好（$R^2 \geq 0.9993$），平均加样回收率介于96.6%～103.0%，RSD均小于5.0%（n=9）。结果表明，不同产区黄芩质量差异很大。

魏顺发等（2011）关于黄芩属植物中二萜类成分的研究中介绍，除黄酮外，黄芩属中还发现了100余个二萜类化合物，如链状二萜、单环二萜、双环二萜、三环二萜、四环二萜。双环二萜又可分为半日花烷型、克罗烷型等。克罗烷型又分为新克罗烷A、新克罗烷B、新克罗烷 C。

张红瑞等（2013）根据有效成分含量评价了黄芩种质资源。根据总黄酮、黄芩苷、汉黄芩苷、黄芩素、汉黄芩素、木犀草素、白杨素、可溶性糖、粗多糖、总糖、醇溶性浸出物含量对 54 个种源进行评价。筛选出辽宁、河北、山东、内蒙古、吉林等地的优良种质。

李桂生等（2015）应用硅胶柱色谱，Sephadex LH－20 柱色谱及高效制备薄层色谱等方法对沙滩黄芩中的二萜单体进行分离纯化，根据理化性质和波谱数据对其化学结构进行阐明，发现并鉴定了 9 个二萜化合物，分别为 6－乙酰氧基－7－烟酸酰氧基半枝莲碱 G（1），6－烟酸酰氧基－7－乙酰氧基半枝莲碱 G（2），6，7－二烟酸酰氧基半枝莲碱 G（3），半枝莲碱 K（4），半枝莲碱 B（5），6－乙酰氧基河南半枝莲碱 A（6），6－烟酸酰氧基半枝莲素 A（7），6，7－二乙酰氧基半枝莲素 A（8），半枝莲碱 F（9）。化合物 1 为新化合物，化合物 2～9 均为首次从沙滩黄芩中发现。

姜明亮等（2016）研究了黄芩总黄酮含量的积累规律，发现根＞叶＞茎。一年生黄芩根总黄酮含量以 9 月最高，二年生黄芩根总黄酮含量在 6 月最高。

二、黄芩化学成分的影响因素

种质差异、生长年限、产地、栽培措施、加工方法等都会影响黄芩的化学成分。

例如，张文婷等（2000）考察了加工炮制过程对黄芩及其制剂中黄芩甙含量的影响。加工炮制不当可造成黄芩甙含量明显降低。炒制及炭化过程对黄芩甙破坏严重。

李韦等（2008）比较了栽培黄芩和野生黄芩的化学成分。发现栽培黄芩中黄芩苷和浸出物含量高于野生黄芩。

刘金贤等（2008）就黄芩质量与其影响因素做了相关性研究。结果是产地对黄芩质量有影响。由于受地理因素和生长环境的影响，不同产区黄芩的化学组成与药理作用都存在一定的差异。山东平邑、山东临沂的黄芩苷和汉黄芩苷含量较高，而河北怀来、山西南凡、山西绛县的黄芩苷和汉黄芩苷含量较低，其中以山东平邑黄芩所含黄芩苷含量为最高。研究发现，不同来源黄芩中主要活性成分的含量存在差异，同时也发现，作为道地药材的河北热河黄芩其黄芩苷的含量不及山西、山东地区的黄芩，但解热方面的效果却优于其他地区的黄芩。

栽培过程中的选地、繁育、移栽、田间管理也会影响到黄芩的质量和产量。

采收加工对黄芩质量也有影响。

张永清等（2009）介绍，栽培周期、产地、肥料等对黄芩体内黄芩苷含量均有影响。采收时期的影响也很大。

林慧彬等（2010）把国内不同种质黄芩多糖含量做了比较研究。为了研究中国不同种质黄芩的质量，优选黄芩的优良品种，采用分光光度法，测定了不同种质黄芩多糖及可溶性糖的含量。结果是山东泰安、临朐、文登等地的黄芩多糖含量高，在10%以上；甘肃黄芩（*S. baicalensis* Georgi）多糖含量为7.22%，沙滩黄芩（*S. strigillosa* Hemsl.）含量较低，为5.01%。

胡国强等（2012）研究报道了植物生长调节剂缩节胺对黄芩活性成分含量的影响。于一年生黄芩展叶期喷施缩节胺，测量其株高、根长、根直径和根鲜重，并利用HPLC测定根中黄芩苷、黄芩素和汉黄芩素的含量，利用紫外—可见光分光光度法测定根的总黄酮含量和DPPH清除率。结果是喷施缩节胺后，根鲜重显著增加，根径显著变粗，根中黄芩苷和总黄酮含量显著升高，黄芩素和汉黄芩素含量显著降低，喷施缩节胺的黄芩根提取物对DPPH自由基的清除作用与对照组无显著差异。黄芩展叶期施用缩节胺可以有效调节黄芩地上部与地下部生长发育，对根中黄酮类成分含量的提高有一定促进作用。

杨欣文等（2012）把黄芩炮制前后6种黄酮类成分含量做了比

较。考察了黄芩酒制、炒炭炮制前后6种黄酮类成分含量的变化并探讨其炮制机理。结果6种黄酮类成分野黄芩苷、黄芩苷、汉黄芩苷、黄芩素、汉黄芩素和千层纸素A分别在选定范围内线性关系良好，平均加样回收率介于97.8%～101.2%；黄芩酒制后野黄芩苷、黄芩苷、汉黄芩苷、千层纸素A的质量分数有所下降，黄芩素、汉黄芩素的质量分数则稍有增加；黄芩炒炭后野黄芩苷、黄芩苷、汉黄芩苷的质量分数明显下降，黄芩素、汉黄芩素、千层纸素A的质量分数显著升高。

炮制后所得酒黄芩和黄芩炭6种成分的质量分数均发生了变化，也为黄芩炒炭后发生质变的进一步研究奠定了基础。

宋国虎等（2013）研究了二年生黄芩有效成分的动态变化。研究承德地区二年生黄芩生长发育及有效成分动态积累变化规律。2008年5月1日到10月15日每隔15d取样一次，并记录物候期，所取黄芩样品采用高效液相色谱法测定其黄芩苷、黄芩素和汉黄芩素含量，用紫外分光光度法测定其总黄酮含量。结果发现承德地区二年生黄芩地上部有两次营养生长，总的生长规律是慢—快—慢。根部总的生长规律是快—慢—快，折干率在枯萎期最高达到55.31%。黄芩苷和总黄酮含量的变化相似，即5月中旬最高，分别为17.61%，42.92%，黄芩素和汉黄芩素含量相似，6月份最高，分别是2.63%，0.49%。结论是承德二年生黄芩的黄芩苷和总黄酮在5月中旬最高，黄芩素和汉黄芩素6月份最高，折干率10月中旬最高。

管仁伟等（2015）研究了黄芩的种质产地与其质量的相关性。比较不同产地黄芩中黄芩苷的含量，评价黄芩药材质量。采用HPLC方法。结果黄芩苷线性范围是1.5～7.5mg/mL（$r = 0.9999$），平均回收率为99.80%。16种不同产地黄芩中黄芩苷的含量范围为13.92%～24.29%。结论是不同产地黄芩样品中黄芩苷含量存在较大差异，黄芩品种及产地对质量有影响。从总体上看，山东产黄芩的黄芩苷含量较高，莒县产黄芩含量甚至达到了24.29%，高于陕西、山西、河南、甘肃等省的黄芩。黄芩苷是黄芩的主要活性成分，也是评价黄芩质量优劣的重要指标。黄芩是山东的道地药材。

姚磊等（2015）研究了黄芩苷生物转化的优化工艺。发现黄芩经纳豆菌发酵后，黄芩苷可转化为黄芩素，可提升黄芩的药用价值和生理活性。

袁媛等（2016）报道，逆境效应是环境对道地药材形成影响的一种表现，环境饰变通过影响药用植物基因的表达，从而影响其次生代谢产物的形成和积累。以热河黄芩为研究对象，从19个产区采集野生黄芩，分析其活性成分的含量，并结合近10年1—12月的气候因子的变化，得出气候因子影响黄芩活性成分积累的结论。以黄芩悬浮细胞为材料，模拟环境变化，检测其代谢途径中相关酶和基因的变化，从分子水平上阐述“逆境效应”对黄芩药材品质的影响。

第二节　黄芩的药理作用和临床应用

一、药理作用

黄芩作为传统的药用植物，至今，其药理作用已被肯定。

肖培根等（1999）归纳为抗菌作用，抗变态反应，镇静作用，降压作用，利尿作用。

云宝仪等（2012）研究了黄芩素的抑菌活性及其机制。以金黄色葡萄球菌为供试菌，探讨黄芩素的抑菌活性及其作用机制。通过测定黄芩素对其细胞膜的通透性、呼吸代谢途径、可溶性蛋白质和DNA拓扑异构酶的影响，阐述黄芩素的抑菌作用机制。实验结果显示，黄芩素可抑制金黄色葡萄球菌的生长，其最低抑菌浓度为0.04mmol/L；黄芩素作用菌体6h后，电导率比对照组增加了2.48%，DNA和RNA大分子增加了1.8%；黄芩素能抑制三羧酸循环（TCA）中的琥珀酸脱氢酶和苹果酸脱氢酶的活性，其抑制率分别为56.2%和57.4%；黄芩素作用20h后，菌体可溶性蛋白总量比对照组减少了42.83%；此外，黄芩素能抑制DNA拓扑异构酶I和II的活性，当黄芩素的浓度为0.2mmol/L时，上述两种酶的活性完全被抑制。可见，黄芩素对金黄色葡萄球菌有显著抑制作用，其抑菌作用是通过影响细胞膜的通透性，抑制菌体内蛋白质合成，抑制细菌代谢和DNA拓扑异构酶等多靶点来实现的。

库士芳等（2012）介绍了黄芩梳植物的药用价值。黄芩属植物具有广泛的药理作用，如抗肿瘤、抗血管生成、保肝、抗氧化、抗惊厥、抗菌抗病毒，神经保护和改善记忆。

辛文妤等（2013）综述了黄芩素和黄芩苷的药理作用。黄芩素和黄芩苷是黄芩发挥功效的主要活性成分。黄芩素和黄芩苷具有抗菌抗病毒、清除氧自由基、抗氧化、解热、镇痛、抗炎、抗肿瘤、保护心脑血管及神经元、保肝、预防或治疗糖尿病及其并发症等作用。

二、临床应用

黄芩入药用于临床，已有传统。

（一）古籍记载

以《本草纲目》为例，黄芩可治疗如下疾病。

男子五劳七伤、消渴不生肌肉，妇女带下、手足寒热，宜服“三黄丸”。随季节而不同。黄芩、黄连、黄蘖三药，春季用量是：四两—三两—四两；夏季是：六两—一两—七两；秋季是：六两—三两—三两；冬季是：三两—五两—二两。配好后捣碎和蜜做成丸子，如乌豆大。每服五丸，渐增至七丸。一天服三次。一月后病愈。久服使人健壮。

胸部积热。用黄芩、黄连、黄蘖，等分为末。加蒸饼做成丸子，如梧子大。每服二、三十丸，开水送下。此方名“三补丸”。

肤热如火烧，骨蒸（结核）痰嗽等。用黄芩一两，加水二杯，煎成一杯，一次服下。

肝热生翳。用黄芩一两、淡豉三两，共研为末。每服三钱，以熟猪肝裹着吃，温汤送下。一天服二次。忌食酒、面。

吐血、鼻血、下血。黄芩一两，研末，每取三钱，加水一碗，煎至六成，和渣一起温服。

血淋热痛。用黄芩一两，水煎，热服。

妇女绝经期的年龄已过，仍有月经或月经过多。用黄芩心二两，浸淘米水中七天，取出炙干再浸，如此七次，研细，加醋加糊做成丸子，如梧子大。每服七十丸，空心服，温酒送下。一天服二次。

安胎清热。用芩、白术，等分为末，调米汤做成丸子，如梧子大。每服五十丸，开水磅下。药中加神曲亦可。

产后血渴，饮水不止。用黄芩、麦门冬，等分为末，水煎，温服。

（二）当代研究应用

不乏研究报道。例如：

肖培根等（1999）介绍，黄芩可治疗流行性脑脊髓膜炎；治小儿急性呼吸道感染；治肺热咳嗽。具体用法务必遵医嘱。

瞿佐发（2002）介绍了黄芩的临床应用。例如用黄芩汤可以治疗急性胃肠炎、细菌性痢疾、阿米巴痢疾等，还有祛斑等功能。

贾蔷等（2014）分析了含黄芩中成药用药规律。

基于中医传承辅助平台（TCMISS）分析《中华人民共和国卫生部药品标准——中药成方制剂》《中药部颁标准》含黄芩方剂组方规律为临床应用及新药研发提供参考。应用该平台软件将含黄芩方剂构建数据库使用软件的统计报表模块关联规则、改进的互信息法等数据挖掘方法分析含有黄芩方剂中常用的药物、组合规则、核心组合。通过对含黄芩的首方剂分析，总结出黄芩常用药物组合有 45 个，其所用药物多具有清热燥湿、泻火解毒、止血之功效。核心组合用药较为集中，组方法度清晰；主治疾病 23 种，对其中 3 种高频疾病“感冒”“咳嗽”“眩晕”对比分析得出黄芩可通过不同的配伍达到不同的治疗作用。因此中医传承辅助平台是中医用药规律分析的重要具；纵横对比的方法，为研究黄芩的临床用药规律提供了有效方法，同时为新药研发提供借鉴和参考。

据介绍，含黄芩方剂中常用的 23 种主治疾病有：咳嗽、感冒、眩晕、喉痹、口疮、牙痛、月经失调、积滞、喘病、疮病、痛经、带下病、耳鸣、发热、痹病、头痛、便秘、急惊风、暴风客热、痢疾、风温、胁痛、腹胀。

第四章　黄芩加工

第一节　黄芩的炮制

一、黄芩有效成分的提取

提取黄芩的有效成分，可为制药工业和其他用途提供原料。

黄贤荣等（2012）介绍了国内常用的提取分离方法。中药的有效成分是几千年来中国传统中药治疗疾病的物质基础。提取分离有效成分有利于降低原药物毒性，提高药物疗效；扩大中草药资源；进行化学合成或结构改造；探索中草药治病的原理等。随着科学技术的高速发展，越来越多的高新技术运用到中药有效成分的提取分离研究上。这些高新技术具有传统方法无法比拟的优点，对提高中药制剂质量、减少服用剂量、提高生产效率、降低环境污染等方面起到积极的推动作用。加强新技术的应用，研究新工艺对不同药物提取分离的影响，寻求最佳的操作条件和作用机理，有针对性地进行生产设备工艺的设计，将对中药现代化起到巨大的推动作用。

据介绍，提取分离方法有煎煮法，回流提取法，微波辅助提取法，超声提取法，半仿生提取法，酶提取法，膜分离法，液—液连续萃取法，超临界流体萃取法，双水相萃法，大孔树脂吸附法等。具体工艺流程可参阅有关资料。

二、黄芩的炮制

（一）炮制方法简介

在中国，炮制是对中药材的传统加工方法，方法多样，技术成熟。

闻永举等（2005）介绍了黄芩炮制的沿革。炮制方法包括净制，切制，炮制（清炒，加辅料炒），煮制，酒制，姜汁制，醋制，猪胆汁制，蜜制，米泔水制，土炒等。具体工艺流程可参阅有关资料。

吴凤琪等（2007）对新鲜黄芩的炮制工艺做了研究报道。研究了新鲜黄芩的炮制工艺并测定黄芩苷的含量。采收黄芩，于自然条件下贮存43d后，以切片、炮制、干燥温度和时间为4个因素，采用正交试验设计，初步确定新鲜黄芩炮制工艺规范。结果在自然条件下新鲜黄芩自身酶解变化不显著。炮制工艺参数为：斜片、酒炙黄芩、25℃下干燥1.5h，此时黄芩苷收率最大，为9.836%。

童静玲等（2008）介绍了黄芩炮制方法和临床应用。

黄芩片：取原药材，除去杂质，置沸水中煮10min，取出，闷约8～12h，至内外湿度一致时，切薄片，干燥。或将净黄芩置蒸制容器中隔水加热，蒸至透气后0.5h，候质地软化，取出，切薄片，干燥。黄芩经沸水煮或蒸制，可使药材软化，便于切片，又可将黄芩自身所含的酶灭活，起到杀酶保苷的作用，杜绝了有效成分的流失。黄芩以黄色为佳，变绿的质差。所以在加工炮制过程中应避免或减少黄芩的浸润时间，以保存其有效成分。

酒黄芩：取黄芩片，喷淋黄酒，拌匀，闷润，待辅料全被吸尽后，置锅中用文火加热，炒至药物表面微干，深黄色，嗅到药物与辅料的固有香气，取出晾凉。每100kg黄芩，用黄酒10kg。

黄芩炭：取黄芩片，置锅中，用武火加热炒至药物外面呈焦褐色，里面呈深黄色，存性，喷水灭火星，取出摊凉。操作时要注意"炒炭存性"，不可使之完全炭化。黄芩炭炮制的工艺参数为温度200℃，炒制时间为10～15min，温度太低，饮片性状达不到传统要求；温度太高，黄芩苷容易分解，使有效成分下降。黄芩炒炭后，增强了药物的收敛之性，提高了药物的清热止血作用，临床主要与其他凉血止血药配伍，用于治疗内热亢盛，迫血妄行所致的吐血、咳血、衄血、便血等。

顾正位等（2013）介绍了黄芩炮制沿革及炮制品现代研究进展。从黄芩炮制沿革来看，黄芩炮制基本经历了一个从简到繁，又从繁到简的发展过程，许多炮制品逐渐被淘汰。目前常用的有黄芩片、黄芩炭、酒黄芩这 3 种炮制品。

黄琪等（2013）介绍了酒黄芩炮制研究进展。据介绍，关于黄芩酒制的记载，最早见于唐朝孙思邈《银海精微》："黄芩酒洗"；其后宋代《幼幼新书》中有"酒炙尽"；元代《汤液本草》云："酒炒之"；明代李时珍云："灸疮出血，以酒炒黄芩二钱为末"。明清时期，黄芩药材的炮制方法逐渐丰富，黄芩的酒制法也日益成熟且一直沿用至今，黄芩酒润、酒蒸、酒煮等方法也都作为黄芩常用的炮制方法。自 1977 年版《中国药典》（一部）出版以来，药典中收载黄芩的酒制方法均为酒炒法。《中国药典》从 1977 年以来就收载有酒黄芩的炮制方法。1988 年版《全国中药炮制规范》规定了酒黄芩的炮制方法：取黄芩片用黄酒拌匀，闷润至透，置锅内，用文火加热，炒至深黄色时，取出放凉，每黄芩片 100kg，用黄酒 10kg。从全国各地的中药炮制规范来看，大部分省市都收载了酒黄芩的炮制方法。此外在《中国民族药炮制集成》中记载有酒蒸黄芩，具体方法为：取黄芩 10kg，米酒 1kg，再加佛手少量，拌匀。放置 2h，至酒被吸尽，蒸 1～2h，至软，晒干或焙干。酒黄芩作为一种常用中药，广泛应用于中药复方及复方制剂中。黄芩酒制后药性可借酒力上腾至头面部，去除上焦热邪。现代研究发现黄芩酒制后黄酮苷类成分减少，黄酮苷元类成分增多，且药理学实验表明酒黄芩的消炎镇痛作用增强，这说明黄芩酒制后能改变其药性。从历代本草记载来看，都有对酒黄芩的相关描述。但目前对于酒黄芩的炮制研究还不够深入，应采用现代科技手段，阐释酒黄芩的炮制机制，为其临床应用提供科学依据。从全国部分省市的中药饮片炮制规范来看，酒制黄芩的工艺不尽相同。主要表现在所用酒的类别不同，加酒量、加酒方式、闷润时间、炙炒温度也有所差别。至于具体酒类别的确定，酒中乙醇的含量，加酒量，闷润的具体时间，炒制的温度尚需进一步进行现代化学、药理学系统的

实验验证，以确定其最佳炮制工艺。

（二）炮制方法对黄芩质量的影响

不同加工炮制方法对黄芩质量有一定影响。

宋双江等（2006）介绍，以新鲜黄芩为材料，做了不同加工方法对其炮制品质量影响的比较。分别采用冷浸法、蒸法和煮法三种加工方法，并用 HPLC 法测定其有效成分含量。结果是蒸法和煮法既可以软化切片，又可以破坏酶的活性，使用过程应根据实际情况选用不同的方法。煮法以等体积水，加热 10min，80℃干燥为宜。蒸法时间取 20min，干燥温度以 80℃为宜。

王晓丽等（2010）介绍了不同炮制方法对黄芩苷含量的影响。对热浸法和冷浸法炮制的黄芩，采用定性、定量方法对其主要成分黄芩苷进行分析。定量分析结果是热浸法黄芩中黄芩苷含量为 5.06%（n = 5），冷浸法黄芩中黄芩苷含量为 0.89%（n = 5）；定性分析结果是薄层色谱显示冷浸法黄芩无黄芩苷斑点，而热浸法黄芩黄芩苷斑点明显。两种炮制方法黄芩中黄芩苷含量有明显差异（$P < 0.01$）。通过热浸法炮制的黄芩，能使其酶失去活性，避免了黄芩苷被分解，保证黄芩苷的含量。因此，黄芩药材在保存或在应用时，应选择加热的方法进行炮制，使其破坏酶的活性，以确保药材的疗效。

赵金娟等（2012）介绍了指纹图谱技术在黄芩质量控制中的应用。中药指纹图谱的建立，是对中药质量控制的补充和提高。目前施行的质量标准在一定程度上反映了原药材、中间体及生成品的质量，但由于中药自身所含成分的复杂性，任何单一的活性成分或指标成分都难以准确、全面地评价中药质量，不仅不能进行真伪鉴别和优劣判别；有很多情况所检测的指标成分还不具有“唯一性”，如熊果酸、齐墩果酸等同属其他植物也均含有该成分。中药指纹图谱的建立可以全面反映中药所含内在化学成分的种类和数量，进而反映中药的质量，尤其是在现阶段中药的有效成分绝大多数没有明确，采用中药指纹图谱的方式，将有效地表征中药质量，同时指纹图谱也为国际社会所认可，有利于中药及其产品进入国际市场。植物药与动物药均属生物类物质，除有门、纲、目、科、属、种等系统分类的不同外，还受到诸多因素如光照、温度、湿度、地理条件、病虫害、人为因素等对其生长培育的影响，因此生物样品即使是同一品种也还存在个体差异和可变性，造成品质上的显著不同或较大的波动，不可能像化学合成药品那样具有一个特定不变的质量标准。此外，中药混淆品种，伪劣药材以及人为掺杂时有出现，如何区分真伪优劣，保证药品质量已成为重要问题。鉴于此，进行中药材指纹图谱的深入研究对于建立更加完善有效的药材质量评价与鉴别方法十分必要。

在黄芩的生产、采收、产地加工、贮存、炮制、调剂、制剂等过程中，质量是一个动态变化的过程。用指纹图谱技术考查这个动态变化过程的研究还较少，部分研究多集中在 HPLC 指纹图谱，而在光谱指纹图谱、DNA 指纹图谱的研究较少，开展这方面的研究对于全面提高黄芩的质量控制水平意义重大。研究中药质量的影响因素，探讨中药质量的变化规律，进而对其质量进行全程动态监测与调控，是确保中药质量稳定、均一和可控的关键，中药指纹图谱技术是质量控制的可行手段。黄芩受产地、种质、地理环境、栽培方法的影响，药材质量、产量与药效会有差异，其中种质的优劣对药材的产量和质量起决定性作用，是影响药材产量和质量的重要因素。以系统的化学成分研究和药理学研究为依托，采用中药指纹图谱技术对黄芩质量进行控制，对建立全面的系统的黄芩质量控制体系有重要作用，有利于黄芩现代化研究，为黄芩走向国际化市场提供了有利条件。

第二节　黄芩茶加工

一、黄芩茶的保健功能

黄芩茶的饮用历史已近千年。

生吉萍等（2009）比较了人工种植黄芩与野生黄芩叶中 Se 含量

及氨基酸含量。

采用荧光光度法测定了人工种植黄芩和野生黄芩叶中微量元素Se的含量，氨基酸分析仪测定了18种氨基酸的含量。结果表明人工种植黄芩叶与野生黄芩叶中皆含有较高的Se，但其含量没有显著差异（$\alpha = 0.05$）。黄芩叶中富含氨基酸，其中含量较多的是天冬氨酸、谷氨酸、亮氨酸，人工种植黄芩叶氨基酸含量高于野生黄芩叶，说明人工种植黄芩可以替代野生黄芩用于黄芩叶产品的开发。实验结果为揭示黄芩的生物功能以及比较人工种植黄芩和野生黄芩叶中Se及氨基酸的差异提供有用数据，并为开发黄芩叶食用、药用价值提供理论依据。

何春年等（2011）介绍了黄芩茶的应用历史与研究现状。

据介绍，其原植物来源主要为黄芩（*Scutellaria baicalensis* Georgi）、并头黄芩（*S. scordifolia* Fisch）、粘毛黄芩（*S. viscidula* Bunge）和滇黄芩（*S. amoena* C. H. Wright）的地上部分经加工而成。黄芩茶主要在中国北方地区使用。对黄芩茶的研究表明其主要化学成分为黄酮类，并具有多种药理活性。据他们介绍，黄芩茶目前还主要在民间使用，包括北京、河北、山西、内蒙古、辽宁、黑龙江以及云南等省、市。特别是黄芩野生资源比较丰富的山区。黄芩茶数百年来一直以黄芩地上部分做茶用，茎叶不分。夏天暑热季节（7—8月），将黄芩的枝叶采集回来，剪成小段，直接晒干备用；或把刚采回的小段枝叶放进蒸笼中蒸、晾3~4次后，再将其放入密封的容器中保存，即“黄芩茶，七蒸晒，祛草味，茶不坏……”随着现代人们对黄芩茶的关注，研究人员在最佳采收季节进行了研究，发现黄芩生长旺盛期（7—8月）采集的黄芩茎叶中总黄酮和主要有效成分野黄芩苷含量高，研究结果与人们长期积累的经验相符。在加工方式上，也做了较大的改进，过去茎叶不分，外观较差，饮用不方便，因此一些公司对黄芩茶进行了改进，引进了南方茶叶的加工技术。

仍据他们介绍，黄芩茶的化学成分有黄酮类，有机酸类（4种酚酸即咖啡酸、绿原酸、迷迭香酸、阿魏酸），二萜类，挥发油，多糖类，无机元素等。

黄芩茶具有保护心肌缺血；保护心血管；保肝；解热镇痛；抗菌、抗病毒；抗炎；杀菌；抗氧化；免疫；保护中枢神经；降糖；降血脂；抗肿瘤等作用。

二、茶用黄芩的种植

以下介绍北京市农业技术推广站的试验研究成果。

“药茶两用黄芩优质高产栽培技术及深加工工艺研究与示范试验项目”于2012—2013年施行。主要研究结果如下。

（一）不同种源有关性状和有效成分含量

以昌平县和延庆县大榆树镇奚高营村为试验示范点，采用随机区组设计，以黄芩种源为试验因素，采用山东、山西、承德、甘肃4个产区的种子布置试验，株行距为15cm × 25cm，小区面积为4m × 10m，3次重复，共12个小区。通过测定黄芩生长指标、黄芩药材和黄芩茶的产量以及其药用成分（如黄芩苷、汉黄芩苷、黄芩素、汉黄芩素、千层纸素A）的含量，筛选出药茶两用优质高产的黄芩优良株系。

在延庆和昌平试验点，分别对各种源株高、地径、一级分枝数、根长、芦头直径、距离芦头10cm处直径、总侧根数和根干重进行了测定（表4－1，表4－2）。

表4－1　延庆基地不同种源黄芩药材的生长指标
（2012年10月）（李琳，2016）

种源	株高（cm）	地径（mm）	一级分支数（个）	根长（cm）	芦头直径（mm）	距芦头10cm处直径（mm）	总侧根数（个）	产量（kg/亩）
GS	72.50 ± 13.67	7.56 ± 2.19	4.10 ± 1.55	17.13 ± 4.6	17.32 ± 6.07	10.63 ± 3.44	4.37 ± 2.58	208.50 ± 108.63

（续表）

种源	株高（cm）	地径（mm）	一级分支数（个）	根长（cm）	芦头直径（mm）	距芦头10cm处直径（mm）	总侧根数（个）	产量（kg/亩）
SX	76.77 ± 11.17	6.8 ± 2.08	4.59 ± 1.52	18.6 ± 3.67	16.99 ± 5.07	12.47 ± 7.66	4.79 ± 2.38	207.98 ± 112.83
SD	67.90 ± 9.82	9.22 ± 2.93	3.70 ± 1.75	16.25 ± 5.1	19.00 ± 4.67	12.43 ± 3.65	4.41 ± 2.43	154.43 ± 86.63
CD	74.27 ± 12.81	5.89 ± 1.45	3.15 ± 1.81	18.67 ± 4.2	16.40 ± 7.33	9.54 ± 3.04	2.73 ± 1.68	144.43 ± 91.83
F 值	2.933*	12.006**	3.207*	2.132	1.07	2.52	4.75**	4.532**

对延庆基地不同种源黄芩的生长指标的差异进行了探讨。结果表明不同种源的黄芩的各项生长指标均有差异，从株高、株幅、根干重等各方面生长指标考察，地径、总侧根数以及产量均已达到极显著差异（$P<0.01$），而株高也具有显著性差异（$0.01<P<0.05$），通过对比产量值发现，山西种源的黄芩药材的产量值为 233.6 ± 131.02kg/亩，位居首位，产量值较高的是山东种源，为 213.69 ± 115.91kg/亩，可以明显看出种源为山西和山东的黄芩药材的产量要优于其他种源的黄芩药材，可作为黄芩药材的高产型株系的候选。

表 4-2 延庆基地不同种源黄芩药材活性成分的含量差异（李琳，2016）

种源	总黄酮（%）	黄芩苷（%）	汉黄芩苷（%）	黄芩素（%）	汉黄芩素（%）	千层纸素 A（%）
YQ-CD	16.72 ±1.83	6.17 ±0.90	1.83 ±0.32	1.48 ±0.12	0.36 ±0.04	0.06 ±0.02
YQ-GS	18.03 ±1.11	5.68 ±1.24	1.70 ±0.36	1.11 ±0.46	0.25 ±0.08	0.05 ±0.02
YQ-SD	19.37 ±2.98	7.12 ±0.74	2.14 ±0.12	1.49 ±0.23	0.30 ±0.06	0.06 ±0.02
YQ-SX	16.25 ±0.94	6.45 ±1.37	1.95 ±0.36	1.78 ±0.25	0.38 ±0.02	0.07 ±0.01
F 值	1.648	0.909	1.13	2.671	3.14	0.806

结果表明，总黄酮含量最高的是产地为山东的黄芩药材，其次是甘肃、承德和山西。延庆基地的种源分别为承德、甘肃、山东、山西

的黄芩药材。黄芩苷、汉黄芩苷的含量呈现出先变低后变高再变低的趋势，含量最高的为山东，然而黄芩素、汉黄芩素和千层纸素 A 的趋势为先变低后变高，甘肃的含量最低，而山西的含量最高，故山东可作为黄芩药材优质型株系的候选。

表 4-3　延庆基地不同种源黄芩茶活性成分的含量差异（李琳，2016）

种源	总黄酮（%）	野黄芩苷（%）	黄芩苷（%）	木犀草素（%）	芹菜素（%）
YQ-SD	11.66 ±6.4	0.97 ±0.51	0.08 ±0.05	0.01 ±0.02	0.02 ±0.01
YQ-SX	11.65 ±4.32	1.62 ±0.19	0.31 ±0.11	0.00 ±0.00	0.02 ±0.02
YQ-GS	12.00 ±3.45	0.85 ±0.60	0.13 ±0.07	0.00 ±0.00	0.00 ±0.01
YQ-CD	12.22 ±4.66	1.27 ±0.99	0.18 ±0.10	0.01 ±0.02	0.00 ±0.01
F 值	0.01	0.863	4.405 *	0.680	2.733

结果表明，种源为承德的黄芩茶的总黄酮含量最高，为 12.22% ±4.66%，其次是甘肃、山东，山西的总黄酮含量最低。由以上数据可知，延庆基地栽培的种源为山西的黄芩茶中野黄芩苷、黄芩苷、木犀草素、芹菜素含量均较高，可以作为优质黄芩茶的种源地。

表 4-4　昌平基地不同种源黄芩药材的生长指标（李琳，2016）

种源	株高（cm）	地径（mm）	一级分支数（个）	根长（cm）	芦头直径（mm）	距芦头 10cm 处直径（mm）	总侧根数（个）	产量（kg/亩）
GS	76.33 ±17.42	4.63 ±1.92	2.00 ±0.95	18.99 ±3.79	12.21 ±3.04	6.29 ±2.17	2.33 ±1.24	172.9 ±108.39
SX	72.43 ±17.81	4.94 ±1.15	2.37 ±0.93	21.82 ±5.87	14.23 ±4.32	8.16 ±2.39	3.97 ±2.16	306.2 ±193.74
SD	62.87 ±14.81	5.08 ±1.53	2.23 ±0.90	21.60 ±4.18	14.58 ±2.72	8.68 ±2.50	3.57 ±1.83	465.0 ±234.56
CD	75.05 ±22.05	4.29 ±1.46	2.05 ±0.89	18.15 ±3.91	11.77 ±3.19	7.26 ±1.70	2.00 ±2.32	244.6 ±161.70
F 值	3.379 *	1.247	0.964	4.209 **	4.574 **	6.413 **	6.589 **	6.661 **

表 4－5　昌平基地不同种源黄芩药材活性成分的含量差异（李琳，2016）

种源	总黄酮（%）	黄芩苷（%）	汉黄芩苷（%）	黄芩素（%）	汉黄芩素（%）	千层纸素 A（%）
CP－SD	19.19±1.44	6.66±0.87	1.80±0.26	0.95±0.08	0.16±0.05	0.06±0.03
CP－GS	21.60±3.71	5.89±1.71	1.63±0.51	0.97±0.18	0.19±0.03	0.04±0.00
CP－CD	16.50±1.61	6.50±1.32	1.98±0.29	0.87±0.14	0.19±0.03	0.03±0.00
CP－SX	20.00±3.40	6.66±1.92	1.92±0.32	1.23±0.41	0.25±0.06	0.05±0.02
F 值	1.307	0.17	0.463	1.036	1.993	1.127

表 4－6　昌平基地不同种源黄芩茶活性成分的含量差异（李琳，2016）

种源	总黄酮（%）	野黄芩苷（%）	黄芩苷（%）	木犀草素（%）	芹菜素（%）
CP－SX	4.64±0.06	1.27±0.47	0.12±0.01	0.00±0.00	0.02±0.01
CP－SD	3.98±1.03	1.05±0.42	0.12±0.05	0.00±0.00	0.02±0.01
CP－CD	3.88±0.15	0.75±0.50	0.09±0.05	0.01±0.01	0.03±0.01
CP－GS	3.51±2.91	0.79±0.08	0.08±0.02	0.02±0.02	0.02±0.00
F 值	0.211	0.735	0.651	0.954	0.476

结果表明，不同种源在昌平种植基地栽培，其黄芩药材和黄芩茶所含的有效活性成分存在显著差异，黄芩药材中种源为甘肃的总黄酮含量最高，其黄芩苷、黄芩素和汉黄芩素的含量亦为最高，然而汉黄芩苷和千层纸素 A 含量的最大值出现在种源为承德和山西的黄芩药材中。不同种源的黄芩茶中的有效活性成分也存在较大差异，除了木犀草含量较低以外，种源为山西的黄芩茶中的各种有效活性成分均四者之中为最高，木犀草素的最大含量出现在种源为甘肃黄芩茶中。

综上所述，种源来自于山西的黄芩药材生长的比较粗壮，芦头较粗，地上部分分支较多，且十分茂盛，整体产量最高，其药材和黄芩茶中的有效活性成分均较高。研究也发现，种源为山东的黄芩药材的产量也在不同程度上高于其他种源黄芩药材的产量，而且种源为山东的黄芩药材中有效活性成分的含量均比较高，质量较优，同时其地上部分的茎叶制作成茶后，其中所含的有效活性成分的含量也较高，故山西、山东可作为药茶两用黄芩的优质高产株系。

筛选了2个药茶两用黄芩优质高产株系。

（二）有关种植技术

参看第二章有关内容。

（三）栽培年限和采收月份对黄芩药材质量的影响

试验研究筛选药茶两用黄芩优质高产株系2个。

栽培年限是事关药材经济效益的重要因素，栽培年限过长虽然有可能获得优质药材品质，但是会降低土地利用率，也会增加水肥投入、增加人工管理成本，最终导致年平均效益下降。此外，对于黄芩采收时间有的认为春季为好，也有认为秋季为好，对于其最佳的采收月份有待于进一步确定。该试验根据集约化生产中常采用的采收年限（2年生或3年生），在可采挖期（土壤化冻期）定期进行取样，测定黄芩苷、汉黄芩苷、黄芩素、汉黄芩素和千层质素A含量，旨在确定黄芩最佳采收年限和采收月份。

试验采用随机区组设计，采用一年生苗布置试验，株行距为15cm×25cm，以采收时间为因素，自4—10月，每半月取样一次，设置14个水平，取样时间分别为4月1日、4月15日、5月1日、5月15日、6月1日、6月15日、7月1日、7月15日、8月1日、8月15日、9月1日、9月15日、10月1日和10月15日。对采收的黄芩药材中的药用成分（如：黄芩苷、汉黄芩苷、黄芩素、汉黄芩素、千层纸素A）进行含量测定，以此来考察不同栽培年限和采收月份对黄芩药材质量的影响。

（1）*二年生黄芩不同采收月份药用成分动态变化分析*　对2年生黄芩不同月份的有效成分含量测定结果如表4－7所示。

表 4－7　二年生黄芩不同月份药用成分含量动态变化（李琳，2016）

取样日期	黄芩苷（%）	汉黄芩苷（%）	黄芩素（%）	汉黄芩素（%）	千层纸素 A（%）
2012. 04. 01	12. 82	2. 68	0. 85	0. 14	n. d.
2012. 04. 15	12. 75	3. 01	0. 73	0. 13	0. 07
2012. 05. 01	15. 35	3. 48	1. 08	0. 19	0. 06
2012. 05. 15	18. 11	4. 86	1. 01	0. 13	0. 07
2012. 06. 01	16. 33	3. 60	1. 20	0. 19	0. 10
2012. 06. 15	14. 89	3. 02	1. 58	0. 28	0. 14
2012. 06. 30	13. 97	3. 24	1. 69	0. 34	0. 17
2012. 07. 15	13. 67	3. 53	1. 48	0. 33	0. 15
2012. 08. 01	13. 53	3. 25	1. 11	0. 23	0. 15
2012. 08. 15	13. 85	3. 45	1. 09	0. 22	0. 12
2012. 09. 01	9. 72	2. 05	2. 13	0. 60	0. 29
2012. 09. 15	10. 94	2. 34	1. 18	0. 27	0. 13
2012. 10. 01	10. 90	2. 16	1. 01	0. 26	0. 09

结果表明，黄芩苷和汉黄芩苷含量最高出现在春季（5 月 1 日至 6 月 15 日），其中黄芩苷含量在 5 月 15 日达到 18. 11%，远远高出《中国药典》（2010 版）规定的 9% 水平，而同期汉黄芩苷含量达到了 4. 86%。然而黄芩素、汉黄芩素和千层质素 A 的含量最高出现在 9 月 1 日，分别为 2. 13%、0. 60% 和 0. 29%。

（2）三年生黄芩不同采收月份药用成分动态变化分析　为了更好准确的估算黄芩不同月份有效成分含量的变化规律，我们增加区组重复，对 3 年生黄芩不同月份的含量进行了测定（表 4－8）。

表 4-8 3 年生黄芩不同月份药用成分含量动态变化（李琳，2016）

取样日期	黄芩苷（%）	汉黄芩苷（%）	黄芩素（%）	汉黄芩素（%）	千层纸素 A（%）
2013.04.01	12.25 ±0.57	2.68 ±0.28	1.06 ±0.13	0.27 ±0.06	0.13 ±0.04
2013.04.15	13.07 ±0.58	2.87 ±0.09	0.81 ±0.14	0.16 ±0.01	0.09 ±0.01
2013.05.02	13.15 ±2.82	3.05 ±0.77	0.98 ±0.24	0.23 ±0.06	0.10 ±0.04
2013.05.15	16.39 ±0.91	4.20 ±0.45	1.27 ±0.12	0.24 ±0.10	0.10 ±0.04
2013.06.01	17.54 ±0.90	4.33 ±0.34	1.43 ±0.29	0.25 ±0.08	0.11 ±0.01
2013.06.15	15.54 ±0.78	4.02 ±0.49	2.16 ±0.30	0.55 ±0.02	0.38 ±0.01
2013.07.1	11.18 ±2.28	2.70 ±0.52	2.88 ±0.42	0.67 ±0.13	0.31 ±0.04
2013.07.15	10.90 ±3.07	2.64 ±1.07	2.42 ±0.92	0.54 ±0.19	0.30 ±0.08
2013.08.01	14.64 ±1.00	3.96 ±0.18	1.21 ±0.89	0.38 ±0.06	0.20 ±0.02
2013.08.15	12.39 ±1.36	3.16 ±0.24	1.43 ±0.39	0.32 ±0.09	0.19 ±0.07
2013.09.01	13.22 ±0.75	3.19 ±0.26	1.18 ±0.32	0.25 ±0.10	0.15 ±0.05
2013.09.15	12.24 ±0.66	2.88 ±0.13	1.12 ±0.15	0.21 ±0.05	0.11 ±0.03
2013.10.01	12.46 ±1.06	2.90 ±0.21	0.96 ±0.15	0.18 ±0.05	0.13 ±0.06
2013.10.15	11.14 ±0.86	2.53 ±0.21	0.91 ±0.10	0.18 ±0.04	0.11 ±0.01
F 值	5.181**	5.504**	6.399**	9.539**	12.929**

结果表明，3 年生黄芩在不同月份各种药用成分的含量差异均达到了极显著水平（$P<0.01$）。对不同月份成分变化规律分析发现：黄芩苷和汉黄芩苷含量最高仍然在春季（5 月 15 日至 6 月 15 日），最高在 6 月 1 日，两种成分含量分别达到了 17.54% ±0.90% 和 4.33% ±0.34%。黄芩素、汉黄芩素和千层质素 A 最高峰则出现在了 7 月 1 日，三种成分含量分别为 2.88% ±0.42%、0.67% ±0.13% 和 0.31% ±0.04%。

（3）不同生长年限黄芩药材产量变化　分别对 2～4 年生黄芩不同月份的药材产量进行测定，结果如表 4-9 所示。

表 4－9　不同采收年限和采收期黄芩药材产量（kg/亩）（李琳，2016）

采收年限	采收时间				
	6 月	7 月	8 月	9 月	10 月
2 年生	14.94 ±7.47	11.03 ±6.05	23.30 ±14.58	13.87 ±4.62	21.17 ±8.89
3 年生	55.49 ±30.95	40.91 ±15.65	60.29 ±27.75	38.6 ±12.27	49.80 ±23.66
4 年生	55.67 ±35.57	34.86 ±18.85	130.37 ±62.07	82.17 ±40.55	94.80 ±45.18

研究结果表明，随着栽培年限的增高，黄芩的单株干重呈增加趋势，在一年中，其药材产量呈现 7 月先降低，而 8 月后呈波浪升高的趋势，这主要是由于 7 月黄芩旺盛消耗了根部储藏的营养物质，而后有通过光合急速增加干物质有关。如果按照株行距为 5cm ×20cm，每年 10 月份进行采收计算，2 年生黄芩产量为 79.4kg，3 年生为 186.8kg，4 年生最高可达 355.5kg。可见从产量看，适当增加栽培年限对于取得高的收获率具有重要意义。

综上所述，黄芩苷和汉黄芩苷含量均以春季含量最高，而黄芩素、汉黄芩素和千层质素 A 在显示在夏季和秋季含量高。综合药典规定指标考虑，黄芩的适宜采收期宜选择在春季，因为这样既可以获得高含量的药材，同时由于春季天气日渐暖，有利于药材的干燥。从产量角度看，黄芩宜种植 4 年以上，最高可以获得 355kg 以上的亩产。

（四）割秧强度对黄芩生长及黄芩茶和药材产量的影响

通过测定黄芩茶原料产量、黄芩茶原料质量（总黄酮含量）和黄芩药材产量、黄芩药材中药用成分含量，确定最佳年采收茬数，提高资源利用率，最终实现黄芩茶及黄芩药材产量最大化、质量最优化，为确定适宜的药茶综合利用采收强度范围提供科学依据。

以延庆县大榆树镇奚高营村为试验示范点，采用随机区组设计，设置采收 0 茬、1 茬、2 茬、3 茬、4 茬 5 个水平，通过测定黄芩生长指标、黄芩药材和黄芩茶的产量以及其药用成分（如黄芩苷、汉黄芩苷、黄芩素、汉黄芩素、千层纸素 A）的含量，分析采收茬数对黄芩茶原料产量、质量，以及黄芩药材的产量和黄芩药材内的药用成分的影响，以筛选出最佳的采收茬数。

结果如表 4－10。

表 4－10　不同割秧强度的黄芩药材的生长指标（李琳，2016）

割秧次数	株高（cm）	地径（mm）	一级分支数（个）	根长（cm）	芦头直径（mm）	距芦头10cm 处直径（mm）	总侧根数（个）	产量（kg/亩）
Y－0	81.17 ± 18.05	6.59 ± 2.57	4.97 ± 3.50	19.81 ± 3.10	13.44 ± 4.51	9.51 ± 3.13	4.23 ± 3.06	159.0 ± 84.8
Y－1	64.30 ± 8.15	6.12 ± 1.52	4.87 ± 2.24	19.25 ± 2.29	16.93 ± 3.94	9.91 ± 2.54	5.03 ± 3.37	177.0 ± 81.89
Y－2	43.57 ± 7.51	6.08 ± 1.56	5.10 ± 2.73	17.42 ± 3.13	16.01 ± 3.94	9.77 ± 3.12	4.47 ± 2.18	193.6 ± 64.88
Y－3	30.63 ± 6.83	5.73 ± 1.82	3.70 ± 1.56	20.08 ± 2.82	13.29 ± 2.60	8.21 ± 2.38	4.50 ± 2.81	141.0 ± 63.65
Y－4	10.87 ± 4.27	4.30 ± 1.80	3.38 ± 1.95	16.93 ± 3.30	9.65 ± 3.55	5.49 ± 2.37	3.83 ± 2.65	52.3 ± 26.67
F 值	222.539 **	6.235 **	3.050 *	6.993 **	16.776 **	13.506 **	0.704	19.409 **

对不同割秧强度黄芩药材的生长情况进行了探讨，发现进行割秧处理的黄芩药材的干重呈现不同的变化，可能由于黄芩药材地上部分比较繁密，影响到黄芩下部叶子的光合作用，割秧两次的黄芩药材干重比不割秧的黄芩药材有明显增加。然而割秧三次的黄芩药材的干重出现下降，说明第三次割秧会降低黄芩药材的产量。割秧四次的黄芩药材的干重下降尤为明显，割秧四次后，黄芩药材的长度、粗度等已经受到较大影响，说明进行四次割秧已经明显干扰到黄芩药材的生长。采收 2 次的黄芩根最高，但是经济效益以采收 3、4 次为高。

表 4－11　不同割秧强度的黄芩药材活性成分的含量变化（李琳，2016）

割秧	总黄酮（%）	黄芩苷（%）	汉黄芩苷（%）	黄芩素（%）	汉黄芩素（%）	千层纸素 A（%）
Y0	14.32 ±3.45	6.76 ±0.63	1.81 ±0.13	1.92 ±0.45	0.38 ±0.09	0.08 ±0.02
Y1	18.82 ±3.79	6.89 ±0.42	1.87 ±0.18	2.28 ±0.47	0.47 ±0.11	0.10 ±0.02
Y2	18.52 ±1.55	7.27 ±1.43	1.87 ±0.37	1.34 ±0.19	0.25 ±0.04	0.05 ±0.02
Y3	17.97 ±0.31	7.80 ±0.24	2.07 ±0.14	1.29 ±0.10	0.29 ±0.02	0.05 ±0.01
Y4	20.68 ±0.25	8.46 ±1.15	2.29 ±0.25	1.59 ±0.47	0.36 ±0.08	0.07 ±0.03
F 值	2.818	1.832	2.142	3.770	3.751	2.995

以上结果表明，不同割秧强度不仅对黄芩药材的产量有很大的影响，对其含有的有效活性成分的含量影响也十分显著。黄芩药材中的含有的总黄酮的含量随着割秧次数的增大，呈现出由低到高，再变低再升高的变化趋势。在进行四次割秧以后，黄芩药材中的总黄酮的含量达到最大值。黄芩药材中的黄芩苷和汉黄芩苷的含量逐渐升高，在四次割秧以后也能达到最大值。不同的是，黄芩药材中的黄芩素、汉黄芩素和千层纸素 A 的含量随着割秧次数的增加先升高后降低，然后再升高，呈“N”字形变化，而且三者的最大值恰恰均出现在只进行一次割秧处理的黄芩药材中。

表 4－12　不同割秧强度的黄芩茶活性成分的含量变化（李琳，2016）

割秧	总黄酮（%）	野黄芩苷（%）	黄芩苷（%）	木犀草素（%）	芹菜素（%）
Y0－老	9.99 ±0.70	1.77 ±0.27	0.26 ±0.07	0.00 ±0.00	0.01 ±0.01
Y0－中	9.12 ±1.36	1.82 ±0.26	0.26 ±0.07	0.00 ±0.00	0.01 ±0.02
Y0－嫩	7.72 ±3.29	1.32 ±0.36	0.26 ±0.07	0.01 ±0.02	0.02 ±0.02
Y1－老	5.03 ±1.40	1.04 ±0.15	0.12 ±0.02	0.01 ±0.02	0.00 ±0.00
Y1－中	5.93 ±2.61	0.86 ±0.24	0.12 ±0.03	0.00 ±0.00	0.00 ±0.00
Y1－嫩	5.35 ±2.51	0.78 ±0.45	0.08 ±0.06	0.00 ±0.00	0.02 ±0.03

（续表）

割秧	总黄酮（%）	野黄芩苷（%）	黄芩苷（%）	木犀草素（%）	芹菜素（%）
Y2－老	6.20±2.70	1.28±0.58	0.24±0.16	0.00±0.00	0.06±0.02
Y2－中	8.81±1.63	1.33±0.17	0.23±0.08	0.00±0.00	0.00±0.00
Y2－嫩	7.00±1.95	1.04±0.18	0.36±0.31	0.00±0.00	0.03±0.03
Y3－老	6.27±2.28	0.98±0.22	0.15±0.03	0.00±0.00	0.02±0.02
Y3－中	7.39±2.93	0.95±0.33	0.15±0.08	0.00±0.00	0.02±0.02
Y3－嫩	5.19±0.95	1.42±1.06	0.22±0.17	0.00±0.00	0.03±0.05
F 值	1.708	1.845	1.283	0.909	2.145

试验表明，适度割秧可以有效防止黄芩地上部分生长过旺、植株郁闭而引发的捂秧，从而确保黄芩下部分叶片同样保持适当的光合效率，但过度割秧采茶是不可取的。研究证明，黄芩药材在剪秧两次的处理下，不仅保证了黄芩药材和黄芩茶的产量最大化，还可以使两者的质量达到最优，各个有效活性成分的含量均可以达到较高的数值，不仅有利于土地利用率，还可以扩大企业收益。

（五）栽培年限和采收月份对黄芩药材质量的影响

（1）栽培年限　栽培年限是事关药材经济效益的重要因素。栽培年限过长虽然有可能获得优质药材品质，但是会降低土地利用率，也会增加水肥投入、增加人工管理成本，最终导致年平均效益下降。此外，对于黄芩采收时间有的认为春季为好，也有认为秋季为好，对于其最佳的采收月份有待于进一步确定。本试验根据集约化生产中常采用的采收年限（二年生或三年生），在可采挖期（土壤化冻期）定期进行取样，测定黄芩苷、汉黄芩苷、黄芩素、汉黄芩素和千层纸素A含量，旨在确定黄芩最佳采收年限和采收月份。

试验采用随机区组设计，采用一年生苗布置试验，株行距为15cm×25cm，以采收时间为因素，自4—10月，每半月取样1次，设置14个水平，取样时间分别为4月1日、4月15日、5月1日、5月15日、6月1日、6月15日、7月1日、7月15日、8月1日、8月15日、9月1日、9月15日、10月1日和10月15日。对采收的黄芩药材中的药用成分（如：黄芩苷、汉黄芩苷、黄芩素、汉黄芩素、千层纸素A）进行含量测定，以此来考察不同栽培年限和采收月份对黄芩药材质量的影响。

◎2年生黄芩不同采收月份药用成分动态变化分析：对2年生黄芩不同月份的有效成分含量测定结果如表4-13所示。

表4-13　二年生黄芩不同月份药用成分含量动态变化（李琳，2016）

取样日期	黄芩苷（%）	汉黄芩苷（%）	黄芩素（%）	汉黄芩素（%）	千层纸素A（%）
2012.04.01	12.82	2.68	0.85	0.14	n.d.
2012.04.15	12.75	3.01	0.73	0.13	0.07
2012.05.01	15.35	3.48	1.08	0.19	0.06
2012.05.15	18.11	4.86	1.01	0.13	0.07
2012.06.01	16.33	3.60	1.20	0.19	0.10
2012.06.15	14.89	3.02	1.58	0.28	0.14
2012.06.30	13.97	3.24	1.69	0.34	0.17
2012.07.15	13.67	3.53	1.48	0.33	0.15
2012.08.01	13.53	3.25	1.11	0.23	0.15
2012.08.15	13.85	3.45	1.09	0.22	0.12
2012.09.01	9.72	2.05	2.13	0.60	0.29
2012.09.15	10.94	2.34	1.18	0.27	0.13
2012.10.01	10.90	2.16	1.01	0.26	0.09

结果表明，黄芩苷和汉黄芩苷含量最高出现在春季（5月1日至6月15日），其中黄芩苷含量在5月15日达到18.11%，远远高出《中华人民共和国药典》（2010版1部）规定的9%水平，而同期汉黄芩苷含量达到了4.86%。然而黄芩素、汉黄芩素和千层质素A的

含量最高出现在 9 月 1 日，分别为 2. 13%、0. 60% 和 0. 29%。

◎3 年生黄芩不同采收月份药用成分动态变化分析：为了更准确地估算黄芩不同月份有效成分含量的变化规律，增加区组重复，对 3 年生黄芩不同月份的含量进行了测定。

表 4－14　3 年生黄芩不同月份药用成分含量动态变化（李琳，2016）

取样日期	黄芩苷（%）	汉黄芩苷（%）	黄芩素（%）	汉黄芩素（%）	千层纸素 A（%）
2013. 04. 01	12. 25 ±0. 57	2. 68 ±0. 28	1. 06 ±0. 13	0. 27 ±0. 06	0. 13 ±0. 04
2013. 04. 15	13. 07 ±0. 58	2. 87 ±0. 09	0. 81 ±0. 14	0. 16 ±0. 01	0. 09 ±0. 01
2013. 05. 02	13. 15 ±2. 82	3. 05 ±0. 77	0. 98 ±0. 24	0. 23 ±0. 06	0. 10 ±0. 04
2013. 05. 15	16. 39 ±0. 91	4. 20 ±0. 45	1. 27 ±0. 12	0. 24 ±0. 10	0. 10 ±0. 04
2013. 06. 01	17. 54 ±0. 90	4. 33 ±0. 34	1. 43 ±0. 29	0. 25 ±0. 08	0. 11 ±0. 01
2013. 06. 15	15. 54 ±0. 78	4. 02 ±0. 49	2. 16 ±0. 30	0. 55 ±0. 02	0. 38 ±0. 01
2013. 07. 1	11. 18 ±2. 28	2. 70 ±0. 52	2. 88 ±0. 42	0. 67 ±0. 13	0. 31 ±0. 04
2013. 07. 15	10. 90 ±3. 07	2. 64 ±1. 07	2. 42 ±0. 92	0. 54 ±0. 19	0. 30 ±0. 08
2013. 08. 01	14. 64 ±1. 00	3. 96 ±0. 18	1. 21 ±0. 89	0. 38 ±0. 06	0. 20 ±0. 02
2013. 08. 15	12. 39 ±1. 36	3. 16 ±0. 24	1. 43 ±0. 39	0. 32 ±0. 09	0. 19 ±0. 07
2013. 09. 01	13. 22 ±0. 75	3. 19 ±0. 26	1. 18 ±0. 32	0. 25 ±0. 10	0. 15 ±0. 05
2013. 09. 15	12. 24 ±0. 66	2. 88 ±0. 13	1. 12 ±0. 15	0. 21 ±0. 05	0. 11 ±0. 03
2013. 10. 01	12. 46 ±1. 06	2. 90 ±0. 21	0. 96 ±0. 15	0. 18 ±0. 05	0. 13 ±0. 06
2013. 10. 15	11. 14 ±0. 86	2. 53 ±0. 21	0. 91 ±0. 10	0. 18 ±0. 04	0. 11 ±0. 01
F 值	5. 181 **	5. 504 **	6. 399 **	9. 539 **	12. 929 **

结果表明，3 年生黄芩在不同月份各种药用成分的含量差异均达到了极显著水平（$P<0.01$）。对不同月份成分变化规律分析发现：黄芩苷和汉黄芩苷含量最高仍然在春季（5 月 15 日至 6 月 15 日），最高在 6 月 1 日，2 种成分含量分别达到了 17. 54 ±0. 90% 和 4. 33 ±0. 34%。黄芩素、汉黄芩素和千层质素 A 最高峰则出现在了 7 月 1 日，3 种成分含量分别为 2. 88% ±0. 42%、0. 67% ±0. 13% 和 0. 31% ±0. 04%。

（2）不同生长年限黄芩药材产量变化　分别对2～4年生黄芩不同月份的药材产量进行测定，结果如表4－15所示。

表4－15　不同采收年限和采收期黄芩药材产量（kg/亩）（李琳，2016）

采收年限	采收月份				
	6月份	7月份	8月份	9月份	10月份
2年生	14.94±7.47	11.03±6.05	23.30±14.58	13.87±4.62	21.17±8.89
3年生	55.49±30.95	40.91±15.65	60.29±27.75	38.6±12.27	49.80±23.66
4年生	55.67±35.57	34.86±18.85	130.37±62.07	82.17±40.55	94.80±45.18

研究结果表明，随着栽培年限的增高，黄芩的单株干重呈增加趋势，在一年中，其药材产量呈现7月先降低，而8月后呈波浪升高的趋势，这主要是由于7月黄芩旺盛生长消耗了根部储藏的营养物质，而后与通过光合急速增加干物质有关。如果按照株行距为5cm×20cm，每年10月进行采收计算，二年生黄芩产量为79.4kg，三年生为186.8kg，4年生最高可达355.5kg。可见从产量看，适当增加栽培年限对于取得高的收获率具有重要意义。

综上，黄芩苷和汉黄芩苷含量均以春季含量最高，而黄芩素、汉黄芩素和千层质素A则显示在夏季和秋季含量高。综合药典规定指标考虑，黄芩的适宜采收期宜选择在春季，因为这样既可以获得高含量的药材，同时由于春季天气日渐暖，有利于药材的干燥。从产量角度看，黄芩宜种植4年以上，最高可以获得355kg以上的亩产。

三、黄芩茶加工

仍以北京市农业技术推广站的试验研究为例。

（一）不同产地黄芩茶工艺比较实验

调查中发现，在中国内蒙古自治区中部固阳、正蓝旗等地，河北省承德、北京市的延庆和门头沟等区县具有饮用黄芩茶的悠久历史。

但是调查中也发现，目前各地黄芩茶的制作工艺迥异，主要表现为取材类型和加工方法上，存在很大差异。因此有必要对不同产地黄芩茶的外形、汤色、口感和功效成分含量进行评价。

（1）试验设计　针对主产区，收集内蒙古和北京周边各区县的黄芩茶样品（具体见表4－16），将各样品进行含量测定后，取同样数量3g泡茶，观察汤色，品尝口感。

表4－16　黄芩茶炒制工艺参数一览表（李琳，2016）

样品代号	产地名称	取样部位	制作工艺
YQ1	北京延庆县千家店	幼嫩茎尖	机器杀青揉捻炒制烘干
YQ2	北京延庆县千家店	幼嫩茎尖	机器杀青茶包揉捻烘干
MTG1	北京门头沟区灵山	嫩叶与茎段	水煮晒干
MTG2	北京门头沟爨底下	嫩叶与茎段	水煮晒干
MTG3	北京门头沟爨底下	嫩叶与茎段	微波炉杀青晒干
NMG	内蒙古正蓝旗茶厂	幼嫩叶片	机器杀青茶包揉捻炒制烘干

（2）试验结果　观察结果表明，延庆产黄芩茶主要以地上部分幼嫩茎尖为材料，内蒙古以幼嫩叶片为材料（不带幼嫩茎）而门头沟山区所用黄芩茶则以黄芩茎叶同时入茶（含有较老的茎），加工工艺既有机器杀青－揉捻－炒制－烘干工艺，也有水煮晒干工艺，还有采用福建铁观音工艺，杀青－茶布揉捻（较机器揉捻轻柔）－烘干工艺等。在外观上比较，以内蒙古正蓝旗所产的采用铁观音工艺的茶布揉捻并炒制工艺的外形最佳（NMG），呈现绿色细条形的外形，并且汤色橙黄，口感清香。其次是延庆采用铁观音工艺加工的样品，由于带有茎尖，茶叶外形类似珠茶，形态美观，口感亦较好。而门头沟所产的茶由于混入了大量的老茎，外形显得秸秆突兀，粗糙，不美观，口感亦一般。因此，综合考虑茶叶外形和汤色与口感，可采用铁观音工艺，用茶布进行轻柔的揉捻，并进行一定的炒制，确保茶颜色

绿色为佳。

同样采用 HPLC 法，对不同产地的黄芩茶的野黄芩苷和黄芩苷含量进行测定，结果也不一样（图 4－1）。

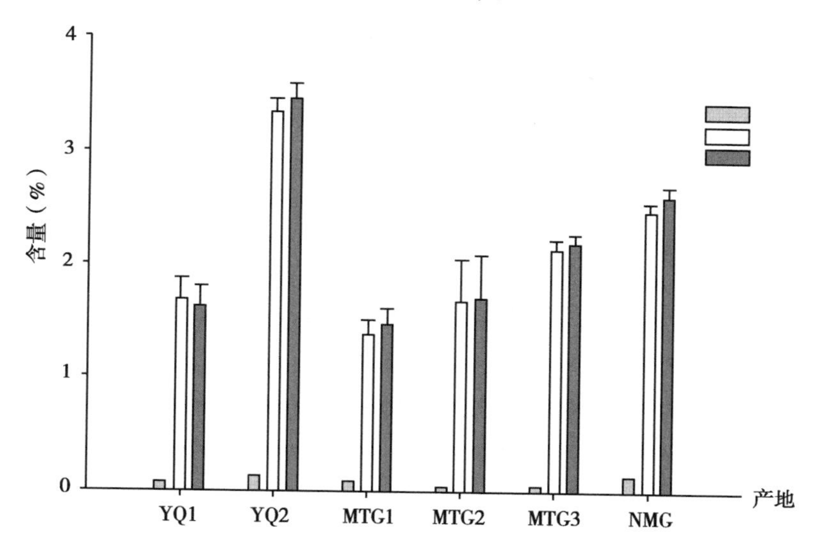

图 4－1　不同产地加工黄芩茶的黄芩苷和野黄芩苷含量差异（李琳，2016）

结果说明，各产地黄芩茶中两种成分的含量上存在极显著差异（$P<0.01$），其中，以延庆采用铁观音工艺生产茶叶的有效成分含量最高，两种成分的总含量达到 3.46%，其次是内蒙古所产的黄芩茶，总含量达到了 2.60%，而门头沟所产茶叶都相对较低，最低是门头沟灵山区茶叶，由于茎混入较多，其总含量只有 1.46%。

采摘于北京市延庆县千家店的黄芩幼嫩茎叶，并采用铁观音的揉茶和炒制工艺，既可以确保茶叶漂亮的外形，同时也能去除青草味等异味，改善口感，保持良好的汤色，同时还能够保持较高的功效成分含量。

（二）不同黄芩茶杀青工艺的筛选

（1）试验目的　从现有的延庆县大榆树镇实验基地中采用随机区组设计，把5月采收的黄芩茎叶进行杀青处理，通过炒制、蒸制、煮制三种不同方式对黄芩茶中有效活性成分的含量的影响，设计正交实验，筛选出黄芩茶的优良杀青方式，为黄芩茶产业化的发展奠定基础。

（2）试验设计　以杀青方式及炒茶时间为试验因素，分别将黄芩茎叶通过炒制、蒸制、煮制三种方式处理5 min后，在温度为110℃下进行炒制。炒制时间分别为40min、50min、60min、70min、80min。通过测定不同杀青处理后黄芩茶中的有效活性成分，筛选出最佳杀青方法。

表4－17　黄芩茶杀青工艺参数一览（李琳，2016）

工艺参数	水平1	水平2	水平3	水平4	水平5
杀青方法	S1 炒制	S2 蒸制	S3 煮制		
炒制时间	t1 40min	t2 50min	t3 60min	t4 70min	t5 80min

3. 试验结果　见表4－18和图4－2。

表4－18　不同杀青处理下黄芩茶中有效活性成分含量（李琳，2016）

工艺参数	野黄芩苷（%）	黄芩苷（%）	木犀草素（%）	芹菜素（%）
S1t1	0.92	0.21	0.00	0.00
S1t2	2.58	0.49	0.04	0.02
S1t3	1.60	0.32	0.00	0.03
S1t4	0.82	0.18	0.00	0.01
S1t5	1.36	0.29	0.00	0.00

（续表）

工艺参数	野黄芩苷（%）	黄芩苷（%）	木犀草素（%）	芹菜素（%）
S2t1	2. 65	0. 58	0. 00	0. 03
S2t2	1. 90	0. 49	0. 00	0. 02
S2t3	2. 26	1. 37	0. 00	0. 02
S2t4	1. 31	0. 28	0. 00	0. 02
S2t5	2. 28	0. 52	0. 00	0. 00
S3t1	1. 71	0. 34	0. 00	0. 04
S3t2	0. 68	0. 14	0. 00	0. 02
S3t3	2. 74	0. 47	0. 00	0. 03
S3t4	1. 79	0. 99	0. 00	0. 04
S3t5	1. 58	0. 31	0. 00	0. 04

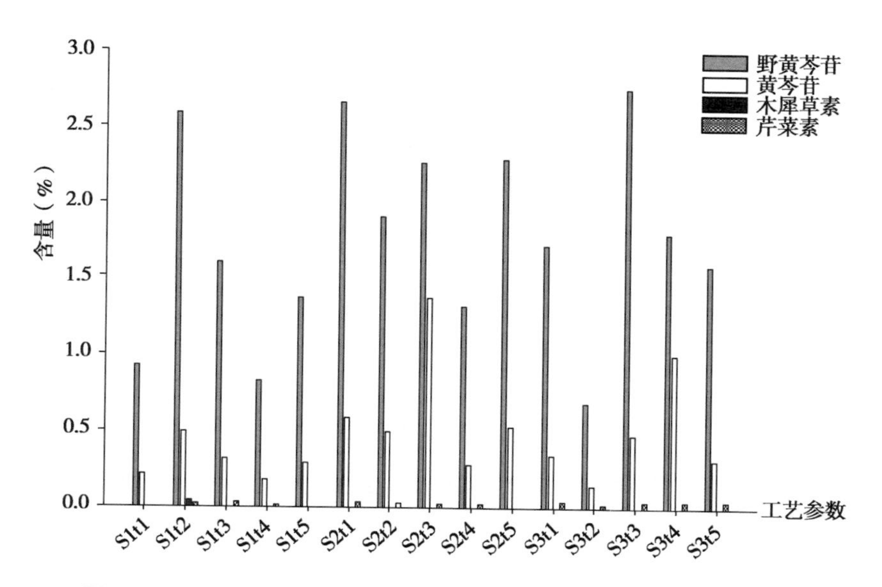

图 4－2　不同杀青处理下黄芩茶中有效活性成分含量（李琳，2016）

研究结果表明，不同杀青处理下的黄芩茶中的有效活性成分差异十分明显。野黄芩苷最高值出现在110℃煮制杀青5min后，进行炒制60min的黄芩茶中，而黄芩苷最高值则出现在110℃蒸制杀青5min后，进行炒制60min的黄芩茶中。研究发现，除炒制杀青以外，蒸制和煮制后的黄芩茶在经过炒制60min时，其所含的有效活性成分均较高，故选取t3为主要参考因素。在经过相同炒制时间，不同杀青方式下制得的黄芩茶所含的有效活性成分的含量差异，表明在以蒸制方法杀青的黄芩茶中的各种有效活性成分含量均在不同程度上高于其他杀青方式。

表4-19　不同杀青处理下黄芩茶中有效活性成分含量（李琳，2016）

工艺参数	野黄芩苷（%）	黄芩苷（%）	木犀草素（%）	芹菜素（%）
S1	1.46	0.30	0.00	0.01
S2	2.08	0.65	0.00	0.02
S3	1.70	0.45	0.00	0.03

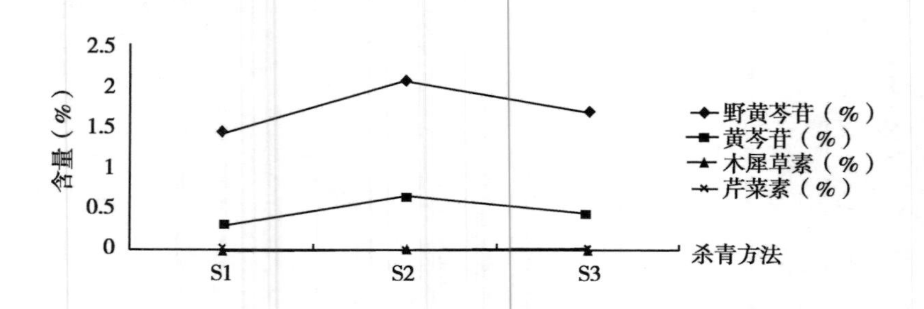

图4-3　不同杀青处理下黄芩茶中有效活性成分含量（李琳，2016）

表4-20　不同炒制时间下黄芩茶中有效活性成分含量（李琳，2016）

工艺参数	野黄芩苷（%）	黄芩苷（%）	木犀草素（%）	芹菜素（%）
t1	1.76	0.38	0.00	0.02

（续表）

工艺参数	野黄芩苷（%）	黄芩苷（%）	木犀草素（%）	芹菜素（%）
t2	1.72	0.37	0.01	0.02
t3	2.20	0.72	0.00	0.03
t4	1.31	0.48	0.00	0.02
t5	1.74	0.37	0.00	0.01

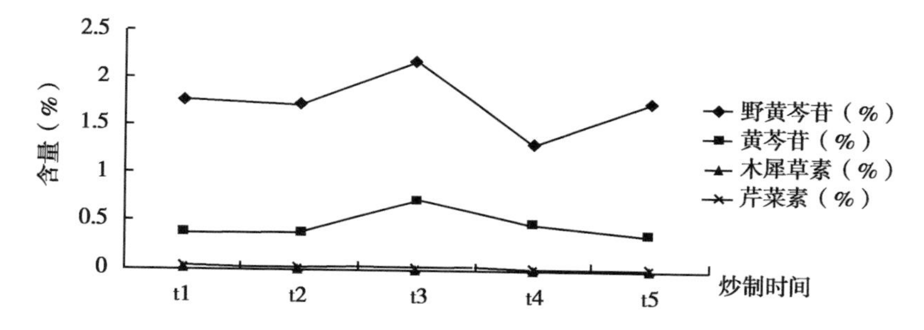

图 4－4　不同炒制时间下黄芩茶中有效活性成分含量（李琳，2016）

以上结果表示，在蒸制杀青处理下的黄芩茶中的各种有效活性成分含量较高。野黄芩苷和黄芩苷含量最大值均出现在蒸制杀青工艺中，含量最低则出现在炒制杀青工艺中。随着炒制时间的不同，野黄芩苷和黄芩苷的变化呈先降低在升高，在炒制 60min 时出现最大值 2.20%、0.72%，然后由降低后再升高。由此可见，炒制时间对黄芩茶中的有效活性成分含量的影响较为显著。为提高黄芩茶的保健作用，应采取蒸制的杀青方式处理，提高黄芩茶质量，从根本上改良黄芩茶的制作工艺，从而快速达到产业化生产优质的黄芩茶。

（三）不同黄芩茶杀青工艺的筛选

（1）试验目的　从现有的延庆县大榆树镇实验基地中采用随机区组设计，把 5 月采收的黄芩茎叶进行杀青处理，通过炒制、蒸制、煮制三种不同方式对黄芩茶中有效活性成分的含量的影响，设计正交实验，筛选出黄芩茶的优良杀青方式，为黄芩茶产业化的发展奠定基础。

（2）试验设计　以杀青方式及炒茶时间为试验因素，分别将黄芩茎叶通过炒制、蒸制、煮制三种方式处理5min后，在温度为110℃下进行炒制，炒制时间分别为40min、50min、60min、70min、80min。通过测定不同杀青处理后黄芩茶中的有效活性成分，筛选出最佳杀青方法。

表4－21　黄芩茶杀青工艺参数一览表（李琳，2016）

工艺参数	水平1	水平2	水平3	水平4	水平5
杀青方法	S1 炒制	S2 蒸制	S3 煮制		
炒制时间	t1 40min	t2 50min	t3 60min	t4 70min	t5 80min

（3）试验结果

表4－22　不同杀青处理下黄芩茶中有效活性成分含量（李琳，2016）

工艺参数	野黄芩苷（%）	黄芩苷（%）	木犀草素（%）	芹菜素（%）
S1t1	0.92	0.21	0.00	0.00
S1t2	2.58	0.49	0.04	0.02
S1t3	1.60	0.32	0.00	0.03
S1t4	0.82	0.18	0.00	0.01
S1t5	1.36	0.29	0.00	0.00
S2t1	2.65	0.58	0.00	0.03
S2t2	1.90	0.49	0.00	0.02
S2t3	2.26	1.37	0.00	0.02
S2t4	1.31	0.28	0.00	0.02

（续表）

工艺参数	野黄芩苷（%）	黄芩苷（%）	木犀草素（%）	芹菜素（%）
S2t5	2.28	0.52	0.00	0.00
S3t1	1.71	0.34	0.00	0.04
S3t2	0.68	0.14	0.00	0.02
S3t3	2.74	0.47	0.00	0.03
S3t4	1.79	0.99	0.00	0.04
S3t5	1.58	0.31	0.00	0.04

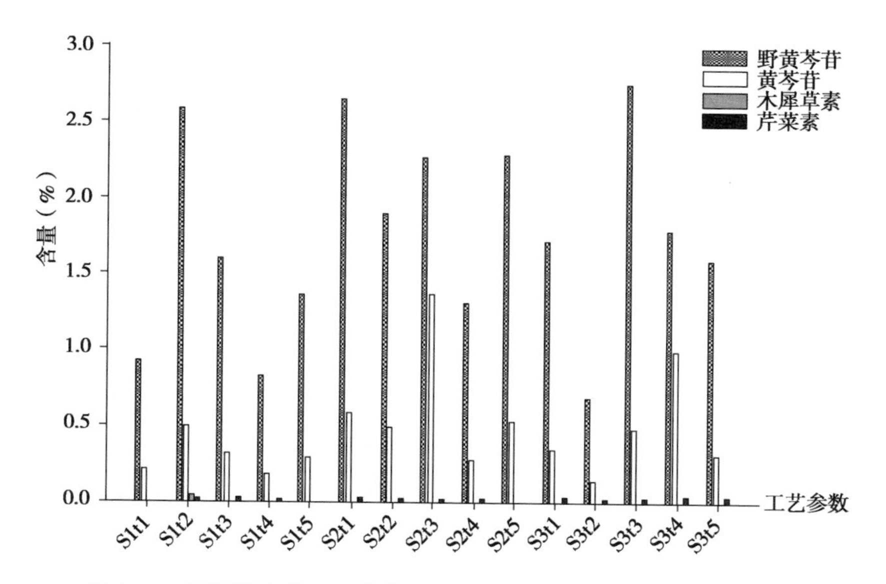

图 4-5　不同杀青处理下黄芩茶中有效活性成分含量（李琳，2016）

研究结果表明，不同杀青处理下的黄芩茶中的有效活性成分差异十分明显。野黄芩苷最高值出现在 110℃ 煮制杀青 5min 后，进行炒制 60min 的黄芩茶中，而黄芩苷最高值则出现在 110℃蒸制杀青 5min 后，进行炒制 60min 的黄芩茶中。研究发现，除炒制杀青以外，蒸制和煮制后的黄芩茶在经过炒制 60min 时，其所含的有效活性成分均较高，故选取 t 3 为主要参考因素。在经过相同炒制时间，不同杀青方式下制得的黄芩茶所含的有效活性成分的含量差异，表明在以蒸制方法杀青的黄芩茶中的各种有效活性成分含量均在不同程度上高于其他杀青方式。

表 4－23　不同杀青处理下黄芩茶中有效活性成分含量（李琳，2016）

工艺参数	野黄芩苷（%）	黄芩苷（%）	木犀草素（%）	芹菜素（%）
S1	1. 46	0. 30	0. 00	0. 01
S2	2. 08	0. 65	0. 00	0. 02
S3	1. 70	0. 45	0. 00	0. 03

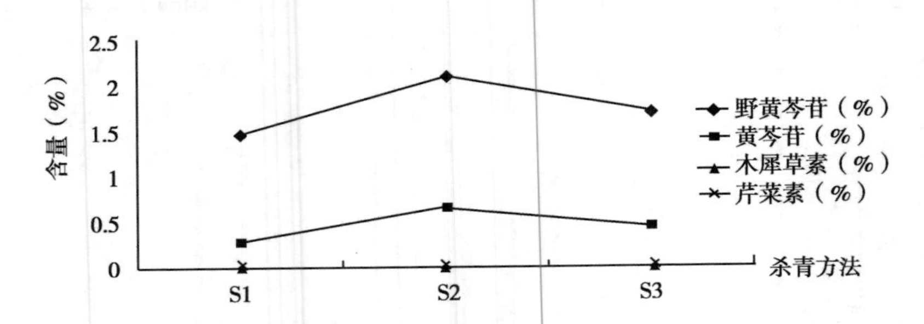

图 4－6　不同杀青处理下黄芩茶中有效活性成分含量

表 4－24　不同炒制时间下黄芩茶中有效活性成分含量（李琳，2016）

工艺参数	野黄芩苷（%）	黄芩苷（%）	木犀草素（%）	芹菜素（%）
t1	1. 76	0. 38	0. 00	0. 02
t2	1. 72	0. 37	0. 01	0. 02
t3	2. 20	0. 72	0. 00	0. 03
t4	1. 31	0. 48	0. 00	0. 02
t5	1. 74	0. 37	0. 00	0. 01

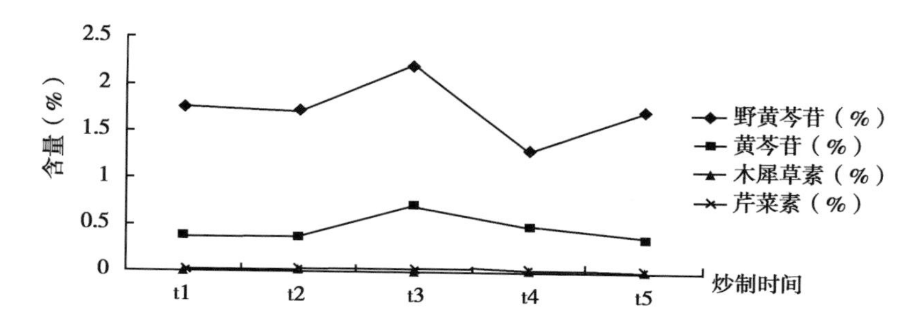

图4-7　不同炒制时间下黄芩茶中有效活性成分含量（李琳，2016）

以上结果表示，在蒸制杀青处理下的黄芩茶中的各种有效活性成分含量较高。野黄芩苷和黄芩苷含量最大值均出现在蒸制杀青工艺中，含量最低则出现在炒制杀青工艺中。随着炒制时间的不同，野黄芩苷和黄芩苷的变化呈先降低在升高，在炒制60min时出现最大值2.20%、0.72%，然后由降低后再升高，由此可见，炒制时间对黄芩茶中的有效活性成分含量的影响较为显著。为提高黄芩茶的保健作用，应采取蒸制的杀青方式处理，提高黄芩茶质量，从根本上改良黄芩茶的制作工艺，从而快速达到产业化生产优质的黄芩茶。

（四）不同黄芩茶炒制工艺的筛选

随着黄芩茶的普及，黄芩茶加工工艺已经逐渐引起了广泛关注，黄芩茶加工工艺种类繁多。本试验针对黄芩茶的炒制工艺进行研究，从炒茶方法和炒茶时间入手，通过不同的炒茶方法和炒茶时间加工黄芩茶，测定黄芩茶中的黄芩苷和野黄芩苷含量，筛选出最佳的黄芩茶炒制方法。

本次实验采用的黄芩茎叶来源于延庆县百草园和北京中医药大学的药用植物园，于近中午时分，采集黄芩地上部分的幼嫩的带叶茎尖，充分混匀作为后续加工的材料。以炒制温度和炒制时间为处理参数，采用双因素组合设计，取新鲜的黄芩茎叶300g左右，首先用数字控温锅进行杀青，后按铁观音茶叶制作工艺进行充分揉捻，然后置于电炒锅中进行炒制处理。采用红外测温仪监测其炒制温度，设置3个温度水平，分别为90℃、110℃、130℃，同时，炒制时间设置5个水平，分别为40min、50min、60min、70min、80min。通过测定黄芩茶中的黄芩苷和野黄芩苷的含量，筛选出黄芩茶的最佳加工工艺。

表4－25　黄芩茶炒制工艺参数一览（李琳，2016）

工艺参数	水平1	水平2	水平3	水平4	水平5
炒制温度	T1 90℃	T2 110℃	T3 130℃		
炒制时间	M1 40min	M2 50min	M3 60min	M4 70min	M5 80min

分析结果发现，黄芩中含有野黄芩苷含量较高，而与其根中相同成分——黄芩苷含量却很低。比较不同炒制工艺黄芩茶黄芩苷和野黄芩苷含量的测定结果（表4－26）显示，不同工艺处理的黄芩茶在两种成分含量的差异上均达到了极显著水平（$P<0.01$）。其中，黄芩苷含量变幅为0.08%～0.12%，以110℃炒制60min和130℃炒制50min两个处理的含量最高，而90℃炒制40min和70min两个处理的含量最低。野黄芩苷含量变幅为1.61%～2.67%，最高为90℃炒制60min处理，130℃炒制70min处理最低，最高与最低相差1.65倍。

表4－26　不同炒制工艺对黄芩苷和野黄芩苷含量的影响（李琳，2016）

工艺代号	黄芩苷（%）	野黄芩苷（%）	总含量（%）
T1M1	0.08±0.01	1.86±0.28	1.94±0.29
T1M2	0.09±0.02	2.05±0.37	2.14±0.38
T1M3	0.11±0.00	2.67±0.05	2.78±0.05
T1M4	0.08±0.01	1.94±0.40	2.02±0.41
T1M5	0.09±0.00	2.21±0.13	2.29±0.13

（续表）

工艺代号	黄芩苷（%）	野黄芩苷（%）	总含量（%）
T2M1	0. 11 ±0. 01	2. 04 ±0. 11	2. 15 ±0. 12
T2M2	0. 11 ±0. 01	2. 13 ±0. 18	2. 25 ±0. 19
T2M3	0. 12 ±0. 01	1. 98 ±0. 12	2. 09 ±0. 12
T3M1	0. 10 ±0. 00	1. 73 ±0. 13	1. 83 ±0. 13
T3M2	0. 12 ±0. 02	2. 11 ±0. 19	2. 23 ±0. 20
T3M3	0. 10 ±0. 00	1. 89 ±0. 11	2. 00 ±0. 11
T3M4	0. 10 ±0. 01	1. 61 ±0. 13	1. 71 ±0. 13
T3M5	0. 11 ±0. 01	2. 03 ±0. 18	2. 14 ±0. 19
F 值	7. 634 **	4. 453 **	4. 302 **

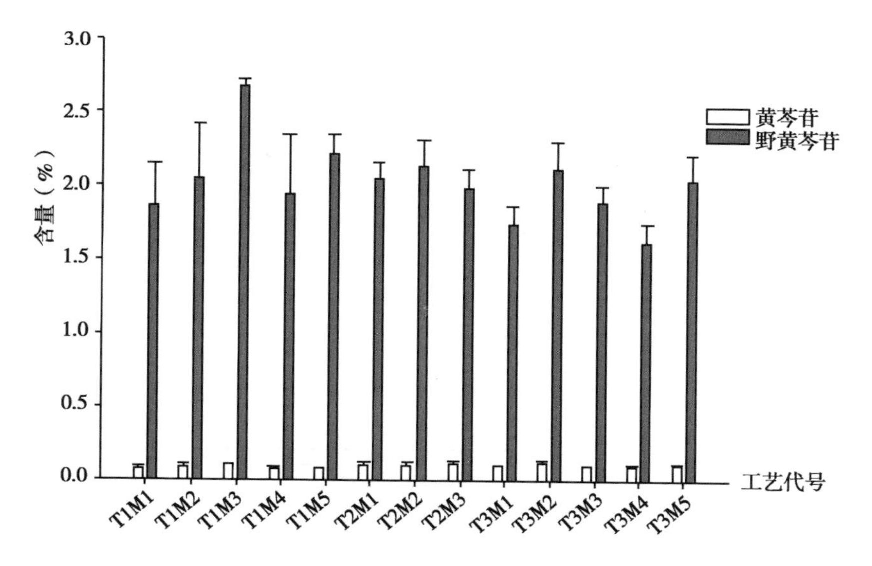

图 4 -8　不同炒制工艺下黄芩苷和野黄芩苷含量的变化（李琳，2016）

对不同炒制温度与黄芩茶中两种成分含量的关系进行了探讨（表 4 -27），结果表明炒制温度对两种成分含量的影响达到了极显著程度（$P<0.01$），总体显示为随着炒制温度的升高黄芩苷含量呈增

高趋势，而野黄芩苷含量却呈现一定的降低趋势。

表 4－27　不同炒制温度对黄芩茶黄芩苷和野黄芩苷含量的影响（李琳，2016）

炒制温度	黄芩苷（%）	野黄芩苷（%）	总含量（%）
T1	0.09 ±0.02	2.15 ±0.38	2.23 ±0.39
T2	0.11 ±0.01	2.05 ±0.14	2.16 ±0.14
T3	0.11 ±0.01	1.88 ±0.23	1.98 ±0.24
F 值	13.507 **	3.503 **	2.876 *

同样对不同炒制时间对黄芩茶中黄芩苷和野黄芩苷含量的影响进行了分析（表 4－28），结果表明炒制时间对上述两种成分含量的影响也达到了极显著水平（$P<0.01$），总体显示为，在 40～60min 范围内，黄芩苷和野黄芩苷含量呈增高趋势，而 70min 处理的两种成分含量均较低，80min 处理的含量也呈现高趋势。

表 4－28　不同炒制时间对黄芩茶黄芩苷和野黄芩苷含量的影响（李琳，2016）

炒制时间	黄芩苷（%）	野黄芩苷（%）	总含量（%）
M1	0.10 ±0.02	1.88 ±0.21	1.97 ±0.22
M2	0.11 ±0.02	2.10 ±0.23	2.20 ±0.24
M3	0.11 ±0.01	2.18 ±0.38	2.29 ±0.38
M4	0.09 ±0.02	1.78 ±0.32	1.86 ±0.32
M5	0.10 ±0.01	2.12 ±0.17	2.22 ±0.17
F 值	3.425 **	2.882 **	3.096 *

综上所述，在黄芩茶炒制工艺中，为了保持其黄酮类活性成分，可以采用高温炒制，并保持适宜炒制时间。如果考虑两种成分的总含量，本实验得到的结果为 90℃ 炒制 60min 的最高，此参数可作为黄芩茶加工工艺参考值，为后续优质黄芩茶生产提供依据。由于本次实验采用的只是一个季节的数据，尚有很多不确定因素，对于更为精确的工艺考察，有待于在多季节重复进行后确定。

（五）不同复方黄芩茶最佳浓度的筛选

黄芩茶已经是北方地区常饮用的茶品，有的人将其作为单味茶饮用，也有人喜欢将其配以一定量的其他茶类饮品饮用。一年四季中，由于气候变化差异较大，人们的体质也随之有较大的差异变化，在不同的季节饮用不同功效特点的茶饮品已经是众所周知的保健之路。本试验针对于不同配比下黄芩茶和复方茶的口感、气味、色泽等进行研究，筛选出最佳的复方黄芩茶配方。

选用优选的茶原料，以中医养生理论为指导，配以其他药食两用的中药材原料，制作不同复方的黄芩茶。首先，按比例配制春茶（配方：桑叶 0. 30g、菊花 0. 15g、金银花 0. 15g、荷叶 0. 15g、薄荷 0. 10g）、夏茶（配方：白扁豆花 0. 33g、冬瓜皮 0. 33g、西瓜皮 0. 33g、丝瓜皮 0. 11g）、秋茶（配方：乌梅 0. 28g、罗汉果 0. 14g、麦冬 0. 28g、薄荷 0. 14g）、冬茶（配方：女贞子 0. 16g、枸杞子 0. 32g、桑葚 0. 32g、酸枣仁 0. 16g、山萸肉 0. 16g），再加入一定量的黄芩茶叶，用不同体积的纯净水进行冲泡，制作不同复方的黄芩茶。最后随机寻找品尝人员，通过大量品尝人员的反馈信息，包括茶色、口感、气味等，筛选出最佳的黄芩茶配方。

试验结果如表 4 – 29 和 4 – 30 所示。

表 4 – 29　春茶正交实验三水平设计（李琳，2016）

编号	春茶	纯净水（mL）	黄芩茶（g）		复方黄芩春茶
1	☆	400	0. 009		①
2	☆	400	0. 018		②
3	☆	400	0. 027		③
4	☆	300	0. 012		④
5	☆	300	0. 024	⇨	⑤
6	☆	300	0. 036		⑥
7	☆	200	0. 017		⑦
8	☆	200	0. 034		⑧
9	☆	200	0. 051		⑨

注：☆代表桑叶 0. 30g、菊花 0. 15g、金银花 0. 15g、荷叶 0. 15g、薄荷 0. 10g。

表 4－30　复方春季黄芩茶品尝反馈信息（李琳，2016）

编号	茶色	气味	口感
1	14	17	16
2	14	16	15
3	16	17	16
4	13	15	14
5	15	14	15
6	14	15	16
7	18	19	17
8	14	14	14
9	14	16	16

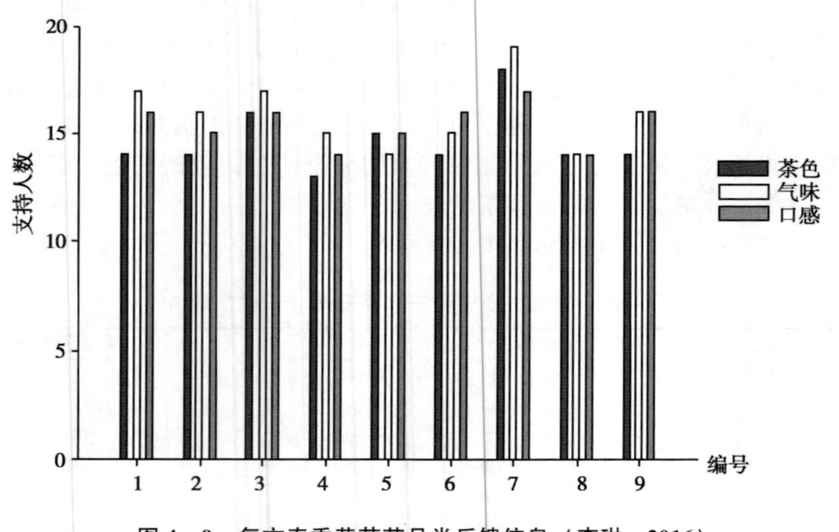

图 4－9　复方春季黄芩茶品尝反馈信息（李琳，2016）

春茶具有疏散风热、解毒利咽的功效，配以一定浓度的黄芩茶能增强其清泻火热的作用。实验数据表明，大家对于春茶（桑叶

0.30g、菊花0.15g、金银花0.15g、荷叶0.15g、薄荷0.10g）黄芩茶0.017g、用200mL的纯净水浸泡后的复方茶评价较好，无论从茶色、口感、气味均达到最佳，得到较多品茶人员的青睐。

表4-31　夏茶正交实验三水平设计（李琳，2016）

编号	夏茶	纯净水（mL）	黄芩茶（g）		复方黄芩夏茶
1	☆	400	0.009		①
2	☆	400	0.018		②
3	☆	400	0.027		③
4	☆	300	0.011		④
5	☆	300	0.022	⇨	⑤
6	☆	300	0.033		⑥
7	☆	200	0.015		⑦
8	☆	200	0.030		⑧
9	☆	200	0.045		⑨

表4-32　复方夏季黄芩茶品尝反馈信息（李琳，2016）

编号	茶色	气味	口感
1	14	15	16
2	14	16	15
3	16	17	16
4	13	15	14
5	18	17	18
6	14	15	16
7	15	14	14
8	14	14	14
9	14	16	15

夏茶具有清热利湿、健脾益胃的功效，夏季饮用重在清暑养心，

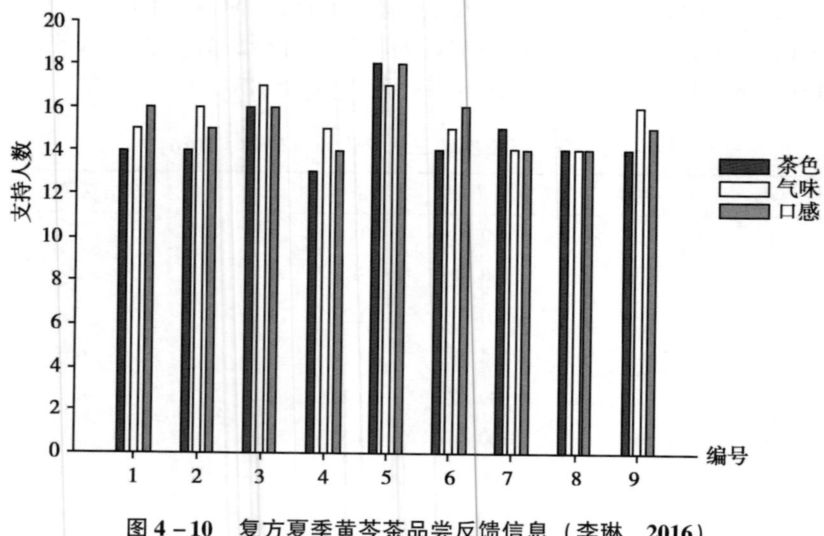

图 4-10　复方夏季黄芩茶品尝反馈信息（李琳，2016）

搭配黄芩茶饮用能更好的清热凉血。实验数据表明，大家对于夏茶（白扁豆花 0.33g、冬瓜皮 0.33g、西瓜皮 0.33g、丝瓜皮 0.11g）、黄芩茶 0.022g、用 200mL 的纯净水浸泡后的复方茶评价较好，茶色适中，口感被普遍接受，气味清香，可以作为夏季避暑的最佳茶饮品。

表 4-33　秋茶正交实验三水平设计（李琳，2016）

编号	秋茶	纯净水（mL）	黄芩茶（g）		复方黄芩秋茶
1	☆	400	0.008		①
2	☆	400	0.016		②
3	☆	400	0.024		③
4	☆	300	0.010		④
5	☆	300	0.020	⇨	⑤
6	☆	300	0.030		⑥
7	☆	200	0.014		⑦
8	☆	200	0.028		⑧
9	☆	200	0.042		⑨

表 4－34 复方秋季黄芩茶品尝反馈信息（李琳，2016）

编号	茶色	气味	口感
1	14	17	16
2	14	16	15
3	17	17	18
4	13	15	14
5	15	14	15
6	14	15	16
7	14	15	15
8	14	14	14
9	14	16	16

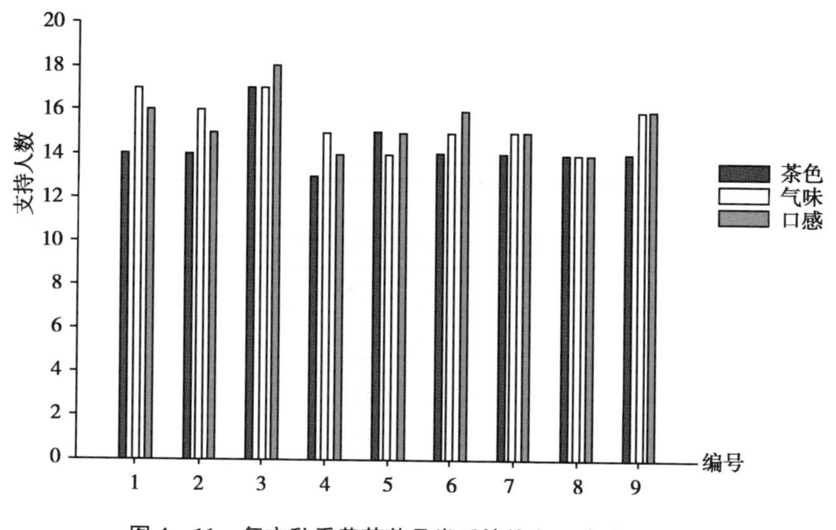

图 4－11 复方秋季黄芩茶品尝反馈信息（李琳，2016）

秋茶具有养阴宜肺、生津止渴的功效，在干燥的秋季，再配以清热泻火的黄芩可称为是茶饮品中得上上之选，既能缓解生活在快节奏的现代生活中的人们的燥热，又能起到很好的滋阴作用。实验数据表明秋茶（乌梅 0. 28g、罗汉果 0. 14g、麦冬 0. 28g、薄荷 0. 14g）、黄芩茶 0. 025g，用 200mL 纯净水浸泡制得的复方茶）的认可程度较高，该配比下的复方茶茶香宜人，色泽诱人，入口后茶香飘逸、耐人寻味，在干燥的秋季可称其为清泻心火，滋阴润肺的最佳常用茶饮品。

表 4－35　冬茶正交实验三水平设计（李琳，2016）

编号	冬茶	纯净水（mL）	黄芩茶（g）		复方黄芩冬茶
1	☆	400	0. 009		①
2	☆	400	0. 018		②
3	☆	400	0. 027		③
4	☆	300	0. 011		④
5	☆	300	0. 022	⇨	⑤
6	☆	300	0. 033		⑥
7	☆	200	0. 015		⑦
8	☆	200	0. 030		⑧
9	☆	200	0. 045		⑨

表 4－36　复方冬季黄芩茶品尝反馈信息（李琳，2016）

编号	茶色	气味	口感
1	14	17	16
2	14	16	15
3	16	17	16
4	13	15	14
5	18	19	17
6	14	15	16
7	17	15	16
8	14	14	14
9	14	16	16

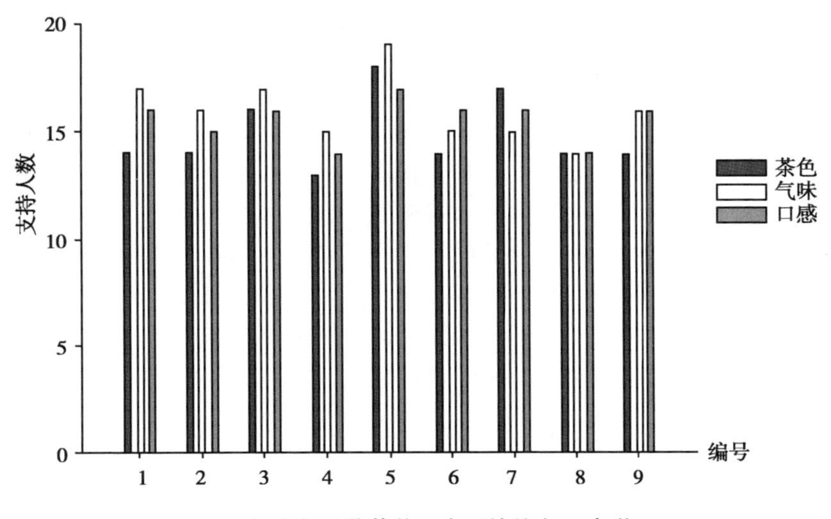

图 4－12　复方冬季黄芩茶品尝反馈信息（李琳，2016）

补益肝肾、填精补血是冬茶的主要功效，在寒冷的冬季里，人们的气血不够充沛，室内外温度差异较大，长期生活在空调环境中的人们体内的火热并不能很好的排出体外，相反会不断积累，影响人们的心情和工作效率，长期饮用搭配冬茶的黄芩茶能很好地改善这种情况。实验数据表明复方茶中冬茶（女贞子 0.16g、枸杞子 0.32g、桑椹 0.32g、酸枣仁 0.16g 山萸肉 0.16g）、黄芩茶 0.022g、200mL 纯净水的配比为最佳配比，在气味、口感、色泽上均得到品茶人员一致好评。

上述表明，春季搭配 0.017g 的黄芩茶后，制得的复方春季黄芩茶的色泽、口感、气味是普遍大众所接受认可的。而复方夏季黄芩茶则是在夏茶的基础上，搭配 0.022g 的黄芩茶，用 200mL 的纯净水冲泡后，在各方面得到大众的认可。经过大家一致投票筛选出复方秋季黄芩茶，则是需要搭配 0.025g 的黄芩茶，才能保证复方秋季黄芩茶的清香气味，纯正的口感得到最好的展现。黄芩茶 0.022g 搭配冬茶而得的复方冬季黄芩茶的口感、色泽、以及气味均得到大众的高度认可，可作为最佳复方黄芩茶的配方工艺。

（六）制定北京地产黄芩的药材质量标准

黄芩药材作为北京市特色的道地药材和许多国家基本药物中必不可缺的原料，年需求量巨大，具有很高的经济价值。目前黄芩栽培产业中仍然存在药材质量不稳定、资源综合利用率不高、经济效益低等诸多问题。科学的黄芩药材的质量标准是解决当前各种问题的必要前提，本项目通过黄芩药材的感官指标、理化指标、重金属含量以及检验规程等问题，制定一系列检验标准，分别从不同采收、加工、检验等方面入手，制定具有科学性、准确性、实用性的黄芩药材的质量标准。

（七）建立示范基地500亩

2013 年在延庆建立高产示范点 8 个，500 亩，分别在延庆县大榆树镇、刘斌堡乡，其中采收黄芩根的示范点 4 个，420 亩，采收茶叶和黄芩根的示范点 4 个，80 亩，以大榆树镇小张家口村黄芩点为对照。通过对黄芩示范点示范播种技术、合理施肥、收获时间等技术，7 个示范点平均黄芩根产量 636. 6kg/亩，比对照黄芩 558. 2kg/亩增产 14. 04%，黄芩根增收 14. 04%；黄芩茶平均产量 21. 4kg/亩，平均亩收入 342. 9 元/亩；7 个示范点黄芩亩产值 1 980. 3元/亩/年，比对照增产 77. 38%。

表 4－37　经济效益分析（李琳，2016）

地块	茎叶产量（kg/亩）	根产量（kg/亩）	茎叶产值（元/亩）	根产值（元/亩）	总产值（元/亩）	亩均年产值（元/亩）
大榆树小张家口（对照）	0. 0	558. 2	0. 0	4 465. 6	4 465. 6	1 116. 4
大榆树阜高营村	0. 0	604. 5	0. 0	4 836. 0	4 836. 0	1 612. 0
大榆树高妙屯村	0. 0	584. 7	0. 0	4 677. 6	4 677. 6	1 169. 4
刘斌堡刘斌堡村	0. 0	560. 0	0. 0	4 480. 0	4 480. 0	1 120. 0

（续表）

地块	茎叶产量（kg/亩）	根产量（kg/亩）	茎叶产值（元/亩）	根产值（元/亩）	总产值（元/亩）	亩均年产值（元/亩）
千家店花盆村	35.0	752.0	560.0	6 016.0	6 576.0	2 192.0
千家店花盆村	30.0	695.3	480.0	5 562.4	6 042.4	3 021.2
千家店花盆村	45.0	637.8	720.0	5 102.4	5 822.4	1 940.8
千家店花盆村	40.0	621.6	640.0	4 972.8	5 612.8	2 806.4
七个示范点平均值	21.4	636.6	342.9	5 092.5	5 435.3	1 980.3
与对照比增产增收（%）		14.04		14.04	21.72	77.38

参考文献

安瑜，王旭鹏，赵建军. 2013. 宁夏六盘山栽培黄芩适宜采收期研究［J］. 中国实验方剂学杂志，19（13）：161－164.

常瑾，杨玉秀，淡静雅，等. 2007. 陕西黄芩主要病害及其综合防治技术研究［J］. 西安文理学院学报（自然科学版），10（2）：30－32.

曹广才，韩靖国，刘学义，等. 1997. 北方旱区多作高效种植［M］. 北京：气象出版社.

陈士林，魏淑秋，兰进，等. 2007. 黄芩在中国适生地分析及其数值区划研究［J］. 中草药，38（2）：254－257.

陈顺钦，袁媛，罗毓健，等. 2010. 光照对黄芩黄酮类活性成分积累及其相关基因表达的影响［J］. 中国中药杂志，35（6）：682－685.

陈顺钦，黄璐琦，袁媛，等. 2010. 光照对黄芩悬浮细胞内源激素与有效成分相关性的影响［J］. 中国实验方剂学杂志，16（4）：72－74.

陈士林，魏淑秋，兰进，等. 2007. 黄芩在中国适生地分析及其数值区划研究［J］. 中草药，38（2）：254－257.

陈万翔，高彻，计博学，等. 2010. 播种期对黄芩根部黄芩苷含量的影响［J］. 安徽农业科学，38（29）：16 226－16 229.

陈小娜，邱黛玉，李燕君，等. 2015. 温度和水分对甘草种子萌发的影响［J］. 中国农学通报，31（34）：158－162.

陈震，张丽萍，高微微. 1999. 黄芩扦插繁殖的初步研究［J］. 中国中药杂志，24（7）：400－402.

崔璐，谷红霞，路俊仙，等. 2010. 黄芩种质资源与栽培现状分析［J］. 中国药学报，38（1）：69－72.

崔璐，谷红霞，路俊仙，等. 2010. 黄芩种质资源与栽培现状分析［J］. 中医药学报，38（1）：69－72.
丁汉东，史新涛，李敏，等. 2014. 房县黄芩主要病虫草害发生与防治［J］. 湖北植保（5）：41－42.
丁自勉. 2008. 无公害中药材安全生产手册［M］. 北京：中国农业出版社.
杜小娟，梁婷婷，慕小倩. 2012. 8种常用除草剂对黄芩种子萌发及幼苗生长的影响［J］. 西北农业学报，21（4）：202－206.
段碧华，李琳，冯彩云. 2013. 林下特色农业实用技术［M］. 北京：中国农业科学技术出版社.
付桂芳，冯学锋，格小光，等. 2008. 野生黄芩与栽培黄芩药材性状显微组织差异比较研究［J］. 中国实验方剂学杂志，14（11）：23－27，41.
付琳，郝建平，刘晓伶，等. 2015. 10种晋产野生黄芩根中黄芩苷、黄芩素与汉黄芩素含量比较［J］. 天然产物研究与开发（27）：2 064－2 068.
谷婧，黄玮，张文生. 2013. 黄芩野生与栽培资源分布调查研究［J］. 中国中医药信息杂志，20（12）：42－45.
顾正位. 2013. 黄芩炮制沿革及炮制品现代研究进展［J］. 山东中医杂志（3）：211－212.
管仁伟，路俊仙，严军，等. 2011. 黄芩种质与质量、产量的相关性研究［J］. 中医研究，24（8）：14－17.
管仁伟，王英震，周建永，等. 2015. 黄芩的种质产地与其质量的相关性研究［J］. 时珍国医国药，26（2）：451－452.
谷婧，黄玮，张文生. 2013. 不同温度条件下水分对黄芩种子萌发的影响研究［J］. 安徽农业科学，41（9）：3 857－3 860,3 863.
郭久丞，代治国. 2013. 山地核桃区间作黄芩高效栽培技术

[J]. 现代农村科技（1）：34－35.
郭菊梅，陈红刚，曹瑞，等. 2014. 氯化钠浓度对黄芩幼苗生长情况及生理指标的影响［J］. 中国药房（47）：4 497－4 499.
郭兰萍，王升，张霁，等. 2014. 生态因子对黄芩次生代谢产物及无机元素的影响及黄芩地道性分析［J］. 中国科学：生命科学，44（1）：66－74.
何春年，彭勇，肖伟，等. 2011. 黄芩茶的应用历史与研究现状［J］. 中国现代中药，13（6）：3－7.
何春年，彭勇，肖伟，等. 2012. 中国黄芩属植物传统药物学初步整理［J］. 中国现代中药，14（1）：16－20.
胡国强，袁媛，伍翀，等. 2012. 不同发育阶段对黄芩生长及活性成分积累的影响［J］. 中国中药杂志，37（24）：3 793－3 798.
胡国强，张学文，李旻辉，等. 2012. 植物生长调节剂缩节胺对黄芩活性成分含量的影响［J］. 中国中药杂志，37（21）：3 215－3 218.
华智锐，李小玲. 2010. 不同繁殖方法对黄芩生长的影响［J］. 陕西农业科学，56（5）：70－71.
华智锐，李小玲，姚坤. 2012. 温度和光照对商洛黄芩种子萌发的影响［J］. 西北农业学报，21（2）：107－110.
黄贤荣，于燕莉，董淑荣. 2012. 国内常用的黄芩有效成分提取分离方法方法简介［J］. 实用医药杂志，29（3）：267－269.
黄琪，张村，吴德玲，等. 2013. 酒黄芩炮制研究进展［J］. 中国实验方剂学杂志，19（10）：364－369.
贾蔷，申丹，唐仕欢，等. 2014. 含黄芩中成药用药规律分析［J］. 中国中药杂志，39（4）：634－639.
姜明亮，王景然，全雪丽，等. 2016. 黄芩总黄酮含量的累积规律研究［J］. 北方园艺（1）：134－136.
姜淑侠，尚文艳，金哲石，等. 2011. 不同播种深度对黄芩出苗的影响［J］. 安徽农业科学，39（18）：10 811－10 812.

库士芳. 2012. 黄芩属植物的药用价值研究［J］. 中医药信息，29（3）：139－142.
李彬彬，张连翔，步兆东. 2014. 经济林下间作甘草和黄芩的研究［J］. 辽宁林业科技（2）：29－31.
李桂生，郝鑫淼，张雷，等. 2015. 沙滩黄芩中的二萜类化合物［J］. 中国中药杂志，40（1）：98－102.
李桂双，刘强，于凤，等. 2009. 秋水仙素诱导黄芩多倍体的初步研究［J］. 种子，28（10）：94－96.
李世，苏淑欣，姜淑霞，等. 2010. 黄芩干物质积累与分配规律研究［J］. 安徽农业科学，38（28）：15 542－15 544.
李帅，韩梅，杨利民. 2011. 黄芩种子成熟过程及最适采收期研究［J］. 中药材，34（9）：1 328－1 330.
李韦，李化，杨滨，等. 2008. 栽培黄芩和野生黄芩化学成分比较研究［J］. 中国中药杂志，33（12）：1 425－1 429.
李小玲，华智锐，祝社民，等. 2010. 玉米根系水浸液对黄芩种子萌发的影响［J］. 种子，29（3）：39－41.
李晓霞. 2013. 黄芩标准化生产技术［J］. 农业技术与装备（22）：63－64.
李秀芹，孟广忠. 2014. 承德旱地黄芩直播栽培技术［J］. 农民致富之友（14）：32－33.
李子，郝近大. 2010. 黄芩道地产区形成与变迁的研究［J］. 时珍国医国药，6（12）：3 240－3 292.
林红梅，王立平，张永刚，等. 2013. 不同种质黄芩生长动态及药材质量研究［J］. 吉林农业大学学报，35（5）：558－562.
林慧彬，路宁，王臣臣，等. 2007. 黄芩的本草考证［J］. 四川中医，25（12）：48－51.
林慧彬，路俊仙，陈兵，等. 2010. 我国不同种质黄芩多糖含量的比较研究［J］. 中华中医药杂志，25（1）：149－151.
刘红宇，廖建萍，周新蓓，等. 2010. 不同产地的黄芩野生药材与栽培药材质量比较［J］. 中国药学导报，7（25）：37－39.
刘金花，张永清，王修奇. 2009. 不同方法繁殖黄芩药材的产量与质量比较［J］. 中国中医药科技，16（5）：394－395.
刘金贤，路俊仙，戴雪梅，等. 2013. 黄芩质量与其影响因素的相关性研究［J］. 现代中药研究与实践（2）：83－85.
刘乐乐，刘奇志. 2015. 间作黄芩的仁用杏园主要害虫发生动态特征分析［J］. 北方园艺（23）：128－131.
刘自刚，呼天明，杨亚丽. 2011. 黄芩花粉离体萌发与花粉管生长研究［J］. 中国中药杂志，（19）：2 636－2 640.
路正营，韩永亮，尹国. 2014. 中草药黄芩规模化栽培技术［J］. 现代农村科技（17）：11－12.
潘丹，翟明普，李晓艳. 2010. 核桃醌对黄芩种子萌发和幼苗生长的影响［J］. 中国农学通报，26（17）：132－136.
彭晓邦. 2011. 核桃叶水浸液对商洛黄芩种子萌发和幼苗酶活性的影响［J］. 安徽农业科学，39（30）：18 494，18 538.
彭晓邦，张硕新. 2012. 玉米叶水浸提液对不同产地黄芩种子的化感效应［J］. 草业科学，29（2）：255－262.
秦双双，陈顺钦，黄璐琦，等. 2010. 水分胁迫对黄芩内源激素与有效成分相关性的影响［J］. 中国实验方剂学杂志，16（7）：99－101.
瞿佐发. 2002. 黄芩的药理作用及临床应用［J］. 时珍国医国药，13（5）：316－317.
邵玺文，韩梅，韩忠明，等. 2009. 不同生境条件下黄芩光合日变化与环境因子的关系［J］. 生态学报，29（3）：1 470－1 477.
生吉萍，陈海荣，申琳. 2009. 人工种植黄芩根、茎、叶、花、种子中营养元素的光谱分析［J］. 光谱学与光谱分析，29（2）：519－521.
史艳财，李承卓，邹蓉，等. 2012. 中药材间作种植模式研究进展［J］. 北方园艺（16）：180－183.

宋国虎，王文全，张学文，等. 2013. 承德地区黄芩播期与播深对出苗率的影响 [J]. 中国现代中药，15 (9)：766 - 768.

宋国虎，闫永红，张学文，等. 2013. 二年生黄芩生长发育及有限成分动态研究 [J]. 中国实验方剂学杂志，19 (14)：121 - 124.

宋琦，曹伍林，孟祥才. 2015. 乙烯利对栽培黄芩光合作用和药材质量的影响 [J]. 现代中药研究与实践，29 (4)：7 - 9.

宋双红，王炳利，冯军康，等. 2006. 不同加工方法对黄芩炮制品质量影响的研究 [J]. 中药材，29 (9)：893 - 895.

苏桂云，马盼盼. 2012. 半野生黄芩与家种黄芩的区别 [J]. 首都医药 (3)：44.

苏淑欣，李世，尚文艳，等. 2003. 黄芩生长发育规律的研究 [J]. 中国中药杂志，28 (11)：1 018 - 1 021.

苏淑欣，李世，刘海光，等. 2005. 黄芩病虫害调查报告 [J]. 承德职业学院学报 (4)：82 - 85.

孙连波，于晶彬. 2001. 玉米与黄芩间作互补增效 [J]. 吉林农业 (7)：13.

唐增光，安树康. 2013. 高海拔温和干旱区绵椒林下间作黄芩技术初报 [J]. 安徽农学通报，19 (6)：154 - 155.

童静玲. 2008. 黄芩炮制方法及其临床应用 [J]. 实用中医内科杂志，22 (8)：62.

汪绪文，李贺勤，王建华. 2015. 盐胁迫下黄芩种子萌发及幼苗对外源抗坏血酸的生理响应 [J]. 植物生理学报，51 (2)：166 - 170.

王峰伟，马延康，李思锋，等. 2010. 不同土壤水分条件对黄芩生长发育的影响 [J]. 中国农学通报，26 (6)：198 - 200.

王虹，张卫红，魏晓丽，等. 2013. 新疆 12 种黄芩属植物叶表皮微形态结构的研究 [J]. 西北农业学报，33 (5)：952 - 962.

王俊英，郜玉钢. 2011. 林药间作 [M]. 北京：中国农业出版社.
王兰珍，刘勇. 2007. 黄芩种质资源及培育技术研究进展 [J]. 北京林业大学学报，29 (2)：138 – 140.
王胜，丁雪梅，尹金珠，等. 2014. 赤霉素对沙滩黄芩种子萌发的影响 [J]. 山东林业科技 (6)：43 – 45，74.
王晓立，张永发. 2007. 黄芩山坡地仿野生栽培技术 [J]. 中国农技推广，23 (2)：36.
王晓丽，李晓明. 2010. 不同炮制方法对黄芩中黄芩苷的影响 [J]. 齐齐哈尔医学院学报，31 (17) 2 768 – 2 769.
魏顺发，屈爱桃，任凤霞，等. 2011. 黄芩属植物中二萜类成分研究进展 [J]. 国际药学研究杂志，38 (2)：123 – 129.
魏莹莹，刘伟，王晓，等. 2015. 地膜覆盖垄式栽培对黄芩品质及土壤环境的影响 [J]. 作物杂志 (2)：134 – 139.
温华珍，肖盛元，王义明，等. 2004. 黄芩化学成分及炮制学研究 [J]. 天然产物研究与开发，16 (6)：575 – 580.
闻永举，杨云. 2005. 黄芩的炮制沿革及研究 [J]. 河南中医学院学报，20 (6)：75 – 78.
吴凤琪，李磊，汪志仁. 2007. 新鲜黄芩炮制工艺研究 [J]. 中国药房，18 (6)：420 – 422.
夏至，冯翠元，高致明，等. 2014. 黄芩及其同属近缘种的 DNA 条形码鉴定研究 [J]. 中草药，45 (1)：107 – 112.
肖培根，连文琰. 1999. 中药植物原色图谱 [M]. 北京：中国农业出版社.
辛文妤，宋俊科，何国荣，等. 2013. 黄芩素和黄芩苷的药理作用及机制研究进展 [J]. 中国新药杂志，22 (6)：647 – 653.
闫忠阁，程世明. 2007. 黄芩病虫害及综合防治措施 [J]. 特种经济动植物 (6)：51.
杨冬野，蔡少青，王璇，等. 2005. 不同生长年限野生与栽培黄芩的药材鉴定研究 [J]. 中国中药杂志，30 (22)：1 728 – 1 735.

杨欣文，吴德康，李俊松，等. 2012. 黄芩炮制前后 6 种黄酮类成分含量的比较［J］. 广东药学院学报，28（3）：282 – 286.

姚磊，张敏，王鹏娇，等. 2015. 黄芩中黄芩苷生物转化工艺优化［J］. 中国实验方剂学杂志，21（9）：22 – 24.

袁媛，周骏辉，黄璐琦. 2016. 黄芩道地性形成“逆境效应”的实验验证与展望［J］. 中国中药杂志，41（1）：139.

云宝仪，周磊，谢鲲鹏，等. 2012. 黄芩素抑菌活性及其机制的初步研究［J］. 药学学报，47（12）：1 587 – 1 592.

张东向，李富雄. 2008. 黄芩愈伤组织培养与快速繁殖条件的优化研究［J］. 安徽农业科学，36（29）：12 600 – 12 601，12 621.

张红瑞，王文全，唐晓敏，等. 2009. 1 年生黄芩生长发育动态初步研究［J］. 中国现代中药，11（3）：19 – 20.

张红瑞，张燕，高致明，等. 2013. 基于有效成分含量的黄芩种质资源评价［J］. 河南农业科学，42（7）：106 – 108，111.

张文婷. 2000. 加工炮制过程对黄芩及其制剂中黄芩甙含量的影响［J］. 中药新药与临床药理，11（3）：178 – 179.

张向东，华智锐，邓寒霜. 2014. 土壤紧实胁迫对黄芩生长、产量及品质的影响［J］. 中国土壤与肥料（3）：7 – 11.

张晓虎，王渭玲. 2015. 商洛黄芩铁、铜、锌、锰累积规律和施肥对其影响研究［J］. 陕西农业科学，61（10）：31 – 34，42.

张新燕，刘海光，赵淑珍，等. 2010. 黄芩灰霉病发生规律及药效试验［J］. 北方园艺（13）：209 – 211.

张新燕，周天森，张泓源，等. 2014. 黄芩主要虫害及综合防治［J］. 河北旅游职业学院学报（2）：66 – 68.

张燕，刘勇，王文全，等. 2007. 氮磷钾肥对黄芩产量及黄芩苷含量的影响［J］. 中药材，30（4）：386 – 388.

张耀奎，杨伟，罗忠有，等. 2014. 宁夏中部干旱带黄芩人工移栽膜下滴灌适宜补灌量研究［J］. 宁夏农林科技（12）：1 – 3.

张永刚，赵胜楠，李亚芹，等. 2013. 短期干旱复水对不同施水黄芩药材质量的影响 [J]. 吉林农业大学学报，35 (4): 433 -437.

张永刚，韩梅，姜雪，等. 2013. 黄芩对干旱复水的生理生态响应 [J]. 中国中药杂志，38 (22): 3 845 -3 850.

张永刚，韩梅，姜雪，等. 2014. 环境因子对黄芩光合生理和黄酮成分影响研究 [J]. 中国中药杂志，39 (10): 27 -35.

张永清，刘金花，张芳，等. 2007. 移栽时间对黄芩药材产量与质量的影响 [J]. 山东中医杂志，26 (11): 774 -776.

张永清，张春凤，李佳. 2009. 黄芩植株体内黄芩苷积累规律及其影响因素研究进展 [J]. 中国中医药学刊，27 (5): 914 -916.

赵金娟，邢丽芹，刘金贤，等. 2012. 指纹图谱技术在黄芩质量控制中的应用 [J]. 天津中医药，32 (5): 5 -7.

赵莉荭，张玉云. 2014. 定西市黄芩栽培技术规程 [J]. 甘肃农业科技 (9): 65 -66.

赵丽莉，邓光存，吴晓玲. 2010. 不同铵态氮和硝态氮配比对黄芩幼苗生长及生理特性的影响 [J]. 北方园艺 (5): 191 -193.

赵文文，赵香妍，薛文峰，等. 2015. 北京市平谷区中药材种植基地调研报告 [J]. 北京中医药 (12): 986 -989.

赵岩，孟瑶，李琳. 2013. 药粮间作 [M]. 北京: 中国农业科学技术出版社.

周洁，王晓，刘建华，等. 2012. 丹参和白花丹参对黄芩化感效应的比较研究 [J]. 山东科学，25 (5): 30 -34.

周锡钦，张庆英，梁鸿，等. 2009. 黄芩中主要黄酮类成分的含量分析 [J]. 中国中药杂志，34 (22): 2 910 -2 915.

邹廷伟，周洁，周冰谦，等. 2016. "垄式 + 覆盖 + 覆膜" 栽培模式对黄芩生物量和有效物质积累的影响 [J]. 中国现代中药，18 (2): 181 -184.

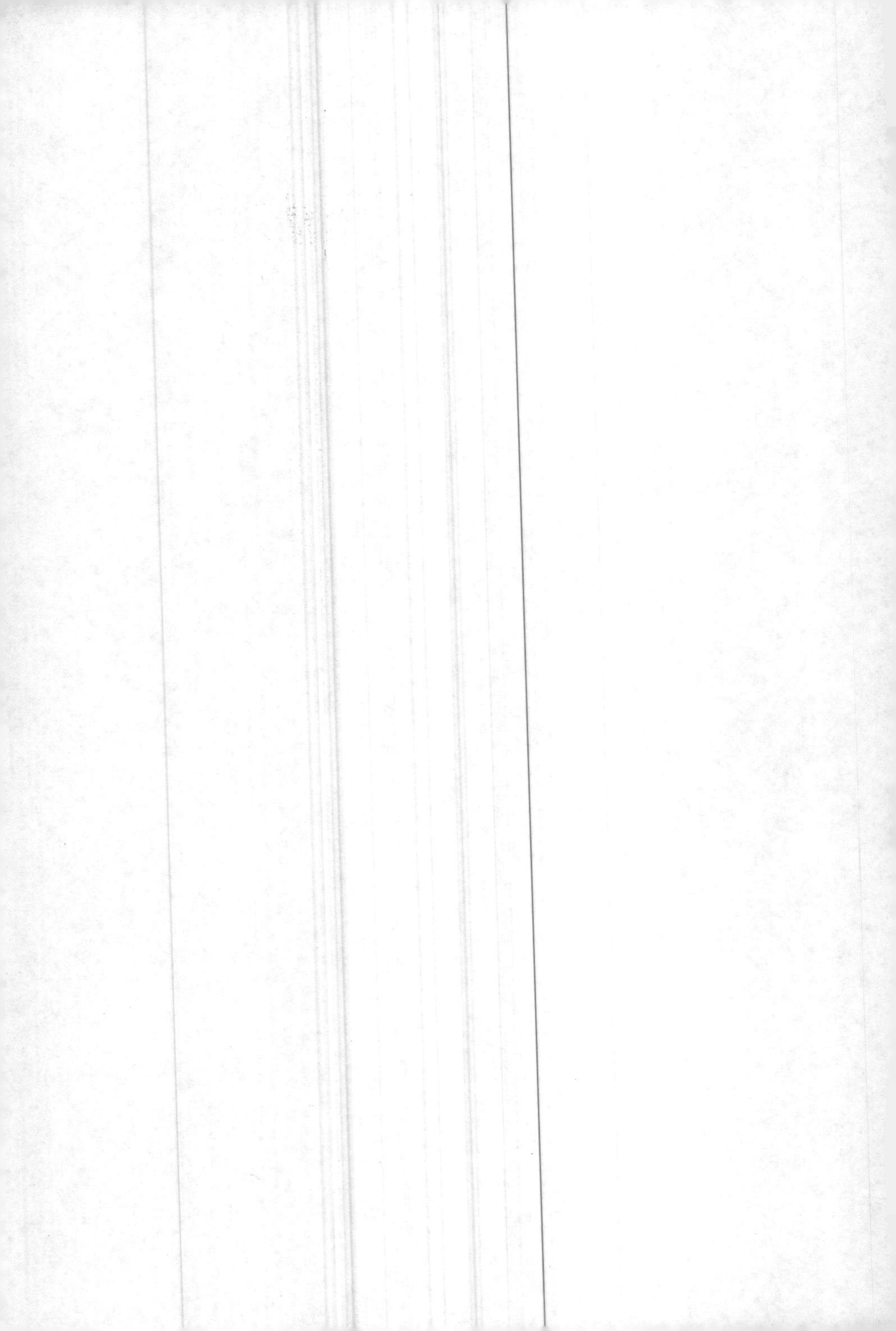